Professional Engineer Building Electrical Facilities

광범위한 분량의 **맞춤** 솔루션 **'맥잡기 공부법'**

배울학
건축전기
설비기술사
LEVEL B

건축전기설비기술사 **황민욱** 편저

답안 작성의 기틀이 되어 줄 건축전기설비기술사 서브노트 가이드 북

- 문항별 **실전 답안 작성 가이드**(목차정리) 제시
- 기본이 되는 **필수** 대표유형 **50문항** 선별 수록
- ➕ 답안 작성 요령 안내

저자 직강
동영상 강의

무료강의
학습자료

교수님과의
1:1 상담

www.baeulhak.com

머리말

이렇다 할 방법 없이 기존의 천편일률적인 수험준비에 지치고 무기력해진 여러분께 고합니다.

합격한 선배기술사, 직장 상사, 함께 공부하고 있는 수험생들의 정보에 인터넷 검색을 통해 얻은 정보를 얹어 A 학원, B 학원, C 인강을 듣고 다시 검색과 댓글을 읽어가며 정보에 정보만을 더하고 있지는 않으신가요? 그 정보가 나의 실력이라 믿고 있지는 않은가요?
회사, 집, 주말학원…… 그저 쳇바퀴 같은 시험공부의 늪에서 시간이 해결해줄 거라 믿고 계신가요?
그런 '패턴', 그런 '길' 속에 서 있다면 과감하게 벗어나 '새로운 길'에 오르시기 바랍니다.

바쁜 직장생활 그리고 소홀할 수 없는 가정.
지극히 평범한 저자는 시간을 쪼개어 준비하며 많은 길을 헤매다 이 자리에 섰습니다.
그리고 저자는 그 뒤안길을 돌아보며 들었던 아쉬움과 주위 기술사님들의 고견을 토대로
교재와 강의를 제작하였습니다.
'배울학 건축전기설비기술사' 는 저와 여러 기술사님들의 서브노트 정리 및 답안 작성 관점 등을
비교학습 할 수 있도록 하였습니다.
여러분께 신선한 정보와 새로운 시험 준비 방법을 제시하겠습니다.

건축전기설비기술사를 준비만 하시는 분들, 막연하게 공부만 하시는 분들.
공부하다보면 언젠가는 합격할 수 있을까요? 지체할 시간이 없습니다.
그 도전에 황기술사가 함께 하겠습니다.

황민욱 기술사

Level 체계

'배울학 건축전기설비기술사' 교재는 Level Zero, A, B, C 로 구성되어 있으며,
나만의 '맥잡기 노트 50' 작성을 목표로 나누었습니다.

전기이론은 필수 학습항목입니다.
시간이 부족하면 Level Zero 부분을 우선 학습하시기 바랍니다.
회로이론, 전자기학, 전력전송공학, 전기기기는 추가학습을 꼭 권해드립니다.
전기이론과 관련된 기출문제만 우선 정리하였습니다.

건축전기기술사를 준비하는 분들의 필수관문 '기본서 Level'입니다.
모든 문제를 자신만의 관점으로 정리하다보면 보다 쉽게 머릿속에 정리될 수 있습니다.
저는 설계자 관점에서 기본서의 이론을 어필하려고 합니다.
대표문제를 통해 전체문제 패턴의 길라잡이가 되어드리겠습니다.

답안 작성을 위한 지도를 제시해 나의 답안을 만들 수 있도록 도와드리는 레벨입니다.
작성은 직접 해보셔야 합니다. 여러분의 답안지가 최선입니다.
완벽한 답안지는 없습니다.
필수 50문항을 선별하여 수록한 '맥잡기'는 여러분의 서브노트 시작점이 될 것입니다.

마무리 단계입니다. 나의 답안과 합격자의 답안을 비교해 보시기 바랍니다.
다른 기술사님들의 답안지를 통해 무엇이 부족했으며, 무엇이 넘쳤는지 분석하여
나의 답안지를 완성합니다. 실제 다른 기술사님의 합격 직전의 답안입니다.
이쯤되면 나만의 서브노트도 한 권쯤 완성되어 있을 것입니다.

책의 특징 및 활용

― 특 징 ―

건축전기설비기술사 실전 답안 작성 가이드

- 답안작성요령을 통해 '서론 – 본론 – 결론'을 나눠 작성하는 방법을 파악할 수 있으며, 수록된 모든 문항에 대한 답안 작성 가이드를 통해 실전 연습이 가능합니다.

엄선된 대표유형 50문항 수록

- 각 문항에 관련된 예제 및 기출문제 회차를 확인할 수 있으며, 가이드를 참고하여 수록된 문항에 대한 '나의 답안지'를 작성할 수 있습니다.

― 활 용 ―

Step 1 훈련단위 결정 (주당 작성 문항수)

Step 2 맥잡기를 이용한 요약 정리하기

Step 3 기본서를 바탕으로 자신이 요약 정리하기 (현 단계에서 정리가 어렵다면 Level A 리부트)

건축전기설비기술사 안내

■ 개요

전기의 생산, 수송, 사용에 이르기까지 모든 설비는 전기특성에 적합하게 시공되어야 안전합니다.
특히 대량의 전력수요가 있는 건물, 공공장소 등에서는 각별한 주의가 요구됩니다.
이에 건축전기설비의 설계에서 시공, 감리에 이르는 전문지식과 풍부한 실무경험을 갖춘 전문인력을 양성하기 위해 자격제도가 제정되었습니다.

■ 역할

건축전기설비에 관한 고도의 전문지식과 실무경험을 바탕으로 건축전기설비의 계획과 설계, 감리 및 의장, 안전관리 등을 담당합니다. 또한 건축전기설비에 대한 기술자문 및 기술지도 등의 업무를 수행합니다.

■ 전망

건설경기의 활성화와 함께 앞으로 사무용빌딩뿐만 아니라 아파트, 개인주택에 이르기까지 생활환경의 개선과 통신망의 확충을 위하여 수용전력량이 증가하고 전기공사가 늘어날 것으로 예상됨에 따라 건축전기설비관련 전문가의 수요도 증가할 것으로 전망됩니다.

■ 활용

- **취업**
    - 건축물 관련 전기설비관리업체, 한국전력공사를 비롯한 전기공사업체, 전기설비설계업체, 감리업체, 안전관리대행업체 등에 취업 가능합니다.
    - 전기시설설계업체, 감리업체 등을 직접 운영 가능합니다.
    - 정부기관, 학계, 연구소 등에 취업 가능합니다.
    - 건설공사의 품질과 안전을 확보하기 위해 「건설기술관리법」에 의해 감리전문회사의 특급감리원으로 취업 가능합니다.

- **가산점 제도**
    - 6급 이하 및 기술직공무원 채용시험 시 가산점이 부여됩니다.
    - 공업직렬의 전기 직류와 시설직렬의 건축 직류에서 채용 계급이 8·9급, 기능직 기능 8급 이하와 6·7급, 기능직 기능 7급 이상일 경우 모두 5%의 가산점이 부여됩니다.
        - * 다만, 가산 특전은 매 과목 4할 이상 득점자에게만, 필기시험 시행 전일까지 취득한 자격증에 한합니다. 한국산업인력공단 일반직 5급 채용 시 필기시험 만점의 7%를 가산합니다.

- **우대**
    - 국가기술자격법에 의해 공공기관 및 일반기업 채용 시 그리고 보수, 승진, 전보, 신분보장 등에 있어서 우대받을 수 있습니다.

시험 안내

■ 원서접수 안내

- 시행처 : 한국산업인력공단

  접수기간내 큐넷(http://www.q-net.or.kr) 사이트를 통해 원서접수

■ 건축전기설비기술사 응시자격

- 동일(유사)분야 기술사
- 기사 + 4년
- 산업기사 + 5년
- 기능사 + 7년
- 동일 종목 외 외국자격 취득자
- 기사(산업기사)수준의 훈련과정 이수자 + 6년(8년)

■ 시험과목

필 기	면 접
① 건축전기설비의 계획과 설계 ② 감리 및 의장 ③ 기타 건축전기설비에 관한 사항	-

■ 검정방법 및 시험시간

구 분	필 기	면 접
검정방법	단답형 및 주관식 논술형	구술형 면접시험
시험시간	총 400분 (매 교시당 100분)	약 30분

■ 시험방법

- 1년에 3회 시험을 치르며, 필기와 면접은 다른 날에 구분하여 시행합니다.

■ 합격자 기준

- 필기 · 면접 : 100점을 만점으로 하여 60점 이상
    * 필기시험에 합격한 자에 대하여는 필기시험 합격자 발표일로부터 2년간 필기시험을 면제합니다.

■ 합격자 발표

- 최종 합격자 발표는 발표일에 인터넷(http://www.q-net.or.kr) 또는 ARS(1666-0100)로 확인 가능합니다.

목차

레벨 B 대표유형 50	14
답안 작성 요령	16
· B01 수변전설비	17
· B02 수변전설비 용량계획	21
· B03 수변전설비 용량결정	25
· B04 수변전설비 변압기 선정	29
· B05 수전방식계획	33
· B06 건축물의 수변전설비 공간계획 ①	37
· B07 수변전설비 기기 선정 [변압기①]	41
· B08 수변전설비 기기 선정 [변압기②]	45
· B09 수변전설비 기기 선정 [변압기③]	49
· B10 수변전설비 기기 선정 [변압기④]	53
· B11 수변전설비 기기 선정 [변압기⑤]	57
· B12 수변전설비 기기 선정 [개폐기①]	61
· B13 수변전설비 기기 선정 [개폐기②]	65
· B14 수변전설비 기기 선정 [개폐기③]	69
· B15 수변전설비 기기 선정 [피뢰기]	73
· B16 수변전설비 기기 선정 [변성기①]	77
· B17 수변전설비 기기 선정 [변성기②]	81
· B18 수변전설비 기기 선정 [변성기③]	85
· B19 수변전설비 기기 선정 [콘덴서]	89
· B20 전력품질 안정화 설비	93
· B21 예비전원 설비계획 [발전설비]	97
· B22 예비전원 설비계획 [축전지설비]	101
· B23 건축물의 수변전설비 공간계획 ②	105
· B24 건축물의 전력공급계획 [간선 및 배선]	109
· B25 건축물의 전력공급계획 [전압강하]	113

- B26 건축물의 전력공급계획 [케이블 트레이] · 117
- B27 건축물의 부하설비계획 [조명설비①] · 121
- B28 건축물의 부하설비계획 [조명설비②] · 125
- B29 건축물의 부하설비계획 [동력설비①] · 129
- B30 건축물의 부하설비계획 [동력설비②] · 133
- B31 전력계통 고장 및 보호계전 정정계획 ① · 137
- B32 전력계통 고장 및 보호계전 정정계획 ② · 141
- B33 전력계통 고장 및 보호계전 정정계획 ③ · 145
- B34 전력계통 고장 및 보호계전 정정계획 ④ · 149
- B35 전력계통 방재대책계획 [피뢰설비①] · 153
- B36 전력계통 방재대책계획 [피뢰설비②] · 157
- B37 전력계통 방재대책계획 [피뢰설비③] · 161
- B38 전력계통 방재대책계획 [피뢰설비④] · 165
- B39 전력계통 방재대책계획 [피뢰설비⑤] · 169
- B40 전력계통 방재대책계획 [피뢰설비⑥] · 173
- B41 전력계통 방재대책계획 [접지설비①] · 177
- B42 전력계통 방재대책계획 [접지설비②] · 181
- B43 전력계통 방재대책계획 [접지설비③] · 185
- B44 전력계통 방재대책계획 [접지설비④] · 189
- B45 전력계통 방재대책계획 [접지설비⑤] · 193
- B46 전력계통 방재대책계획 [감전방지①] · 197
- B47 전력계통 방재대책계획 [감전방지②] · 201
- B48 신재생 에너지 & 에너지 절약계획 [태양광①] · 205
- B49 신재생 에너지 & 에너지 절약계획 [태양광②] · 209
- B50 전력사용 시설물 예방보전계획 · 213

MEMO

배울학 건축전기설비기술사 Level B

실전 답안 작성 가이드

Level B 대표유형 50

01 초고층 전원설비 설계 시 고려사항에 대하여 설명하시오.
02 수전설비 설계 시 고려사항에 대하여 설명하시오.
03 수용률, 부등률, 부하율을 설명하고 상호관계를 기술하시오.
04 변압기 용량 산정 시 고려할 사항에 대하여 설명하시오.
05 수전방식에 대하여 설명하고, 장단점에 대하여 설명하시오.
06 변전실 설계 시 고려사항에 대하여 설명하시오.
07 변압기 결선방식과 결선 시의 고려사항에 대하여 설명하시오.
08 변압기 병렬운전 조건 및 붕괴현상에 대하여 설명하시오.
09 변압기 손실 및 효율에 대하여 설명하시오.
10 변압기 냉각방식과 과부하 운전 조건에 대하여 설명하시오.
11 변압기의 종류를 들고 그 특징에 대하여 설명하시오.
12 고압차단기의 표준정격에 대하여 설명하시오.
13 저압차단기의 종류 및 특성을 비교하여 설명하시오.
14 전력용 퓨즈 선정 시 주요 특성에 대하여 설명하시오.
15 피뢰기의 종류 및 특성에 대하여 설명하시오.
16 계기용 변성기의 종류 및 특성에 대하여 설명하시오.
17 IEC 변류기의 표준정격에 대하여 설명하시오.
18 콘덴서형 계기용변압기의 원리, 종류 및 특성을 설명하시오.
19 역률 개선 콘덴서 설치방법 및 설치효과에 대하여 설명하시오.
20 고조파 원인, 영향 및 대책에 대하여 설명하시오.
21 비상발전기 용량산출 방법에 대하여 설명하시오.
22 UPS 종류, 용량산정 및 운전방식에 대하여 설명하시오.
23 EPS, TPS 계획 설계 및 시공 시 고려사항을 설명하시오.
24 전력간선 설계 시 고려사항에 대하여 설명하시오.
25 인입구와 부하점 간 전압강하 허용기준에 대하여 설명하시오.

26 케이블 트레이 설계 및 시공 시 고려사항에 대하여 설명하시오.

27 조명 설계 시 적용되는 용어에 대하여 설명하시오.

28 전반조명 설계에 대하여 설명하시오.

29 직류 전동기 종류 및 특성에 대하여 설명하시오.

30 유도전동기 속도제어 방식에 대하여 설명하시오.

31 고장전류 계산방법의 종류 및 계산방법에 대하여 설명하시오.

32 대칭 단락전류와 비대칭 단락전류를 구분하여 설명하시오.

33 전력계통의 단락전류 억제 대책에 대하여 설명하시오.

34 보호계전 시스템 및 계전기 정정에 대하여 설명하시오.

35 건축물의 설비기준 등에 관한 규칙 제20조의 피뢰설비에 관한 내용을 설명하시오.

36 표준 충격파형 및 v-t 특성 곡선에 대하여 설명하시오.

37 피뢰침 설치 시 고려하여야 할 사항에 대하여 설명하시오.

38 도심지 접지극 구성방법 및 시공방법에 대하여 설명하시오.

39 KS C IEC 62305-4에 의한 내부 뇌보호 시스템에 대하여 설명하시오.

40 서지 보호기(SPD)의 보호 협조에 대하여 설명하시오.

41 전력계통 중성점 접지방식 및 접지계수에 대하여 설명하시오.

42 계통의 접지선의 굵기 산정에 대하여 설명하시오.

43 통합접지 시스템 및 접지저항 검사 방법에 대하여 설명하시오.

44 직류 전압계통의 IEC 접지방식에 대하여 설명하시오.

45 접촉전압, 보폭전압에 대하여 설명하시오.

46 감전방지를 위한 등전위 본딩에 대하여 설명하시오.

47 지락사고 시 감전사고의 원인과 대책에 대하여 설명하시오.

48 태양광 발전시스템 구성, Array 설치방식을 설명하시오.

49 PV Array 음영 문제의 영향 및 대책에 대하여 설명하시오.

50 변전설비 예방보전에 대하여 설명하시오.

답안 작성 요령

> **서술하시오 & 설명하시오 & 기술하시오 & 논하시오**

① 서술 : 어떤 사실을 차례로 좇아 말하거나 적음
② 설명 : 알기 쉽게 말함
③ 기술 : 사물의 내용을 적어 설명
④ 논술 : 어떤 문제에 대하여 자기의 생각이나 주장을 조리 있게 풀어 밝힘

문) ○○을 설명하시오.	

서론
(개요 · 서언)
	1. ○○개요(○○배경, ○○문제점, ○○정의....) 문제 내용을 대제목화
	  1)
	  2)

본론
(각론 · 설명 · 세론)
	2. ○○의 법적 근거 및 규정
	  1) 경우에 따라 근거 제시
	  2)
	3. ○○의 원리(관련공식), 개념도(구성도), Flow
	  1) 관련공식, 도식, 설계순서 Flow, 개념도
	  2)
	4. ○○의 고려사항(세부사항), 중점사항 : 문제 기술내용
	  가. 고려항목(관련항목 나열)
	    1) A 항
	    2) B 항
	  나. A 항 내용
	    1)
	    2)
	  다. B 항 내용
	    1)
	    2)
	  라. 적용사례
	    1)
	    2)
	5. ○○의 특징 및 비교
	  1)
	  2)
	6. ○○의 영향 및 대책
	  1)
	  2)

결론 (향후 전망 · 의견 · 소견 · 향후 과제)	7. ○○의 소견(의견, 추가내용)

Level B 실전 답안 작성 가이드

B01

수변전설비

- **수변전설비 설계 시 기본원칙**

  - 예제 ××× 건물의 전력공급 방안에 대하여 기술하시오.
  - 예제 수전설비 설계 시 고려사항에 대하여 설명하시오.
  - 예제 ××× 건물의 전원설비 설계 시 고려사항에 대하여 설명하시오.
  - 예제 건축물설계에서 건축설계자와 협의하여 평면계획에 포함되어야 할 전기설계 내용에 대하여 설명하시오.

- **Point**

  - 01 전력공급방안
  - 02 전력변성방안
  - 03 무정전전력공급

B01 수변전설비

문제 초고층 전원설비 설계 시 고려사항에 대하여 설명하시오.

답안

1. 개요
    1) 초고층의 정의
    2) 건축물의 수직화, 대형화, 집중화
    3) 건축물의 건축적, 기계적 및 전기적 zoning의 필요성

2. 초고층 전원설비
    가. 전원설비 고려사항
       1) 수전설비 방식 (인입, 한전계통)
       2) Main TR & Sub TR (부변전실 계획)
       3) 간선계통 구성
    나. 수전방식
    다. 부변전실 계획
    라. 간선계통 구성
    마. 계통구성 시 문제점
       1) 일단강압 vs 이단강압
       2) 차단기 용량 및 접속방법
       3) 전력케이블 vs 전력부스덕트
       4) 예비/비상전원 대책

3. 결론

- **수변전설비 기출문제**

  - 119회 4-1 (수변전실 설계)
  - 117회 1-3 (전기공급약관)
  - 115회 1-1 (수변전설비의 옥외/내형)
  - 115회 1-2 (자가용/일반용 전기설비)
  - 115회 2-3 (대단위 단지 변전실)
  - 114회 3-6 (강하방식)
  - 113회 1-10 (2회선 수전 중성선 가선)
  - 112회 1-1 (건축설계자와 협의)
  - 112회 3-6 (BIM)
  - 110회 1-9 (VE)
  - 110회 3-1 (협의 인터페이스)
  - 110회 3-5 (정전최소화 방안)
  - 107회 2-6 (전력자산운영정책)
  - 103회 3-5 (정전최소화 방안)
  - 96회 4-3 (초고층 전기설비계획)
  - 91회 3-1 (BIM)

MEMO

B02

Level B 실전 답안 작성 가이드

수변전설비 용량계획

- **수변전설비 설계 흐름도 및 부하조사**

  예제) 대단위 아파트단지 수전설비 설계 시 유의사항에 대하여 설명하시오.

  예제) 수변전설비 단선결선도를 작성하고, 사용되는 주요기기를 설명하시오.

- **Point**

  01 단선결선도
  02 인입설비
  03 주요기기

Level B01~50 실전 답안 작성 가이드 목차정리

B02 수변전설비 용량계획

문제 수전설비 설계 시 고려사항에 대하여 설명하시오.

답안 1. 개요
   1) 수전설비의 정의
   2) 인입선로(가공, 지중)
   3) 수전설비 중요 기기

2. 수전설비 설계 시 고려사항
   가. 건축적 고려사항
      1)
      2)
      3)
   나. 환경적 고려사항
      1)
      2)
      3)
   다. 전기적 고려사항
      1)
      2)
      3)

3. 결론

• 수변전설비 용량계획 기출문제

- 119회 4-1 (수변전실 설계)
- 117회 3-1 (스폿네트워크 수전방식)
- 115회 1-1 (수변전설비의 옥외형과 옥내형)
- 115회 1-2 (자가용/일반용 전기설비)
- 115회 2-3 (대단위 단지 변전실)
- 113회 2-6 (표준결선도)
- 104회 2-3 (수변전설비 신뢰도)
- 94회 4-4 (수변전설비 계획)

MEMO

수변전설비 용량결정

Level B 실전 답안 작성 가이드 — B03

- **전력용량 적용 Factor**

  예제) 건축물의 전기설비 중 변압기의 용량 산정 및 효율적인 운영을 위한 수용률, 부등율, 부하율을 각각 설명하고 상호관계를 기술하시오.

  예제) 변압기 용량 산정 시 적용 Factor를 설명하시오.

- **Point**

  01 부하설비용량
  02 Factor
  03 표준용량

B03 수변전설비 용량결정

문제 수용률, 부등율, 부하율을 설명하고 상호관계를 기술하시오.

답안

1. 개요
    1) 부하특성에 따른 변압기 용량 검토
    2) 변압기 용량 산정 시 수용률, 부등률 적용

2. 변압기 용량 산정

    가. 변압기 용량 산정
    1)
    2)
    3)

    나. 적용 Factor
    1) 수용률
    2) 부등률
    3) 부하율

3. 효율적 운용 방안
    1)
    2)
    3)

- **수변전설비 용량결정 기출문제**

    - 113회 1-3 (수용률, 부하율, 부등률)
    - 109회 1-7 (수용률, 부하율, 부등률)
    - 102회 4-6 (수용률, 뱅킹, 모선)
    - 100회 1-11 (전전화 부하산정)
    - 90회 1-3 (수용률, 부하율, 부등률)

MEMO

B04

Level B 실전 답안 작성 가이드

수변전설비 변압기 선정

- **전력용 변압기 용량 결정**

    예제 K-factor로 인한 변압기 출력 감소율에 대하여 설명하시오.

    예제 변압기 용량산정 시 과적용에 대한 문제점과 대책을 설명하시오.

    예제 부하특성을 고려한 변압기 용량선정에 대하여 설명하시오.

- **Point**

    01 부하설비용량
    02 Factor
    03 표준용량

Level B01~50 실전 답안 작성 가이드 목차정리

B04 수변전설비 변압기 선정

문제 변압기 용량 산정 시 고려할 사항에 대하여 설명하시오.

답안

1. 개요
   1) 변압기 용량 선정이란?
   2) 과부족설계 시 문제점 및 대책
   3) 부하특성(고조파 부하, 기동전류 부하)에 따른 변압기 용량 한계

2. 변압기 용량 산정
   가. 설계순서
      1) 용량 추정
      2) 용량 산정
      3) 검토 확인
      4) 표준변압기 선정
   나. 부하설비 용량
      1) 기본설계 시 고려사항
      2) 실시설계 시 고려사항
   다. 변압기 용량 산정
      1) 정상운전 시 변압기 용량(조명용, 동력용)
      2) 최대 전동기 마지막 기동 시 변압기 용량
   라. 적용 Factor
      1) 수용률
      2) 부등률
      3) 부하율
   마. 검토확인
      1) Bank 구성
      2) 전압강하
      3) 보호방식

3. 결론

- **수변전설비 변압기 선정 기출문제**

  - 107회 1-5 (K-factor 변압기 용량 계산)
  - 106회 1-1 (변압기 용량)
  - 106회 3-2 (APT 변압기 용량)
  - 102회 4-5 (고조파의 K-factor)
  - 91회 1-5 (변압기 용량 과도)

MEMO

Level B 실전 답안 작성 가이드

B05

수전방식계획

- **수전방식의 결정 및 특징 비교**

    예제 수전 전압 결정 방법에 대하여 설명하시오.

    예제 수전방식에 대하여 설명하고, 장단점에 대하여 설명하시오.

    예제 수전회로 보호방식 및 제어방식에 대하여 설명하시오.

- **Point**

    01 계약전력

    02 공급약관(협의)

    03 수전용량, 전압

    04 수전회선수

B05 수전방식계획

문제 수전방식에 대하여 설명하고, 장단점에 대하여 설명하시오.

답안

1. 개요
    1) 전력계통의 단락용량 증가, 수용가측 고장이 전원측 확산
    2) 수전계획은 한전과 협의 대상
    3) 부하의 규모, 중요도(신뢰도), 입지조건 및 전력요금 등을 고려

2. 전력계통의 수전방식

    가. 수전방식 선정
    1) 수전방식은 수전전압, 수전용량(계약전력), 수전시스템 및 선로 부설방법 고려
    2) 설계순서

    | 계약 전력 선정 | : 부하추정 또는 실부하 산정 |
    | ⇩ | |
    | 수전전압 및 수전시스템 | : 공급약관 준용 |
    | ⇩ | |
    | 한전협의 및 수전신청 | : 용량에 따라 사전수전신청 필요 (1~2년 전) |
    | ⇩ | |
    | 책임분계점(개폐기) 결정 | : 한전협의, 공사부담금 산정 (한전 위임 또는 직접공사 가능) |
    | ⇩ | |
    | 선로 부설방식 결정 | : 지중 또는 가공 고려 |

    3) 기타 : 개폐기 유치 문제, 인입 Route 관련 유관기관 협의

    나. 수전용량(계약전력) 선정
    1) 전기공급약관 제 20조   2) 발주처 및 한전과 사전 협의

    다. 수전전압
    1) 기본공급 약관(원칙)   2) 별칙(예외규정)

라. 수전설비 시스템

구분		회로도	장점	단점
1회선				
2회선	루프			
	상+예			
	상+상			
S.N.W				

마. 부설방식(지중기준)

    1) 지중관로 공수   2) 적정관로 선정   3) 매설위치 선정

3. 결론

Level B01~50
실전 답안 작성 가이드 목차정리

- **수전방식계획 기출문제**

  - 113회 1-10 (특고압 가공선로 2회선 수전시 중성선의 가선방법)
  - 107회 2-2 (SNW 보호방식, 보호협조)
  - 100회 3-4 (SNW 장단점)
  - 95회 4-4 (수전방식, 인입선굵기)

Level B 실전 답안 작성 가이드

B06

건축물의 수변전설비 공간계획 ①

- **전기관련실(전기실, 발전기실, 축전지실, EPS, TPS)**

    (예제) 변전실 설계 시 고려사항에 대하여 설명하시오.

    (예제) 발전기실 설계 시 다음 사항에 대하여 설명하시오.

    1) 위치   2) 면적   3) 기초 및 높이   4) 소음 및 진동

    (예제) 수변전설비 설계 시 환경에 미치는 영향과 대안을 설명하시오.

    (예제) 건축물에 전기를 배전하려는 경우 전기설비 설치공간 기준을 "건축물 설비기준 등에 관한 규칙"과 관련하여 설명하시오.

- **Point**

    01 관련실의 연계
    02 타부서 협의
    03 유연성, 확장성

B06 건축물의 수변전설비 공간계획 ①

문제 변전실 설계 시 고려사항에 대하여 설명하시오.

답안

1. 개요
   1) 전기관련실(전기실, 발전기실, 배터리실, EPS, TPS)
   2) 수전 전압, 변압, 용량, 형식 등에 따라 위치, 공간 확보
   3) 타부서와 협의, 추정, 계획, 확정

2. 변전실 형태 및 동향
   가. 형태 (장소, 형식, 구성, 차단방식)
   나. 동향 (경제성 평가)
   　1) 대용량 설비 필요　　　　2) 토지가격 상승
   　3) 전력배분의 손실 감소 검토　4) 설비의 LCC 검토

3. 설계시 고려사항
   가. 건축분야

	협의대상 - 건축분야	전기 설계자
1	・장비배치 ・유지보수 공간의 확보	
2	・장비반입 및 반출 ・이동 통로 확보	
3	・관련실 인접배치 ・방재 대책	

   나. 기계분야

	협의대상 - 건축 & 기계분야	전기 설계자
1	・전기관련실의 온도 습도 ・환기 대책	
2	・화재, 폭발, 염해, 부식 지역 회피 ・위험취급, 저장장소 회피	

다. 전기분야

	협의대상 - 전기분야	전기 설계자
1	・ 인입용이 ・ 부하중심에 위치	
2	・ 증설, 경제성 ・ 유지보수	

4. 변전실 면적 및 높이
    1) 계획 시 면적산정
    2) 최소 이격거리
    3) 최소 높이산정

5. 결론

Level B01~50 실전 답안 작성 가이드 목차정리

- **건축물의 수변전설비 공간계획 ① 기출문제**

  - 111회 1-3 (축전지실 위치)
  - 110회 4-5 (발전기실 위치, 면적, 기초, 높이, 소음, 진동)
  - 109회 3-3 (변전실 구조)
  - 108회 1-8 (배전을 위한 전기설비 공간)
  - 107회 4-1 (공동구 전기설비 기준)
  - 105회 2-4 (수변전설비 환경영향, 대안)
  - 105회 4-5 (내진설계 대상)
  - 104회 1-13 (염해장소)
  - 103회 1-10 (중앙감시실 건축, 환경, 전기적 고려사항)
  - 98회 2-2 (EPS 설계 시 고려사항)
  - 98회 3-3 (전실비 내진설계)
  - 95회 1-12 (변전실 침수대책)
  - 91회 4-2 (변전실 위치, 배치, 면적)
  - 90회 4-3 (수변전설비 내진대책)

Level B 실전 답안 작성 가이드

B07

수변전설비 기기 선정 [변압기①]

- **변압기 원리, 구조, 결선방식, 병렬운전, 손실 및 효율**

    - 예제) 이상 변압기와 실용 변압기의 차이점에 대하여 설명하시오.
    - 예제) 변압기의 등가회로도에 대하여 설명하시오.
    - 예제) 변압기의 여자전류가 비정현파로 되는 이유에 대하여 설명하시오.
    - 예제) 변압기의 종류를 들고 그 특징에 대하여 설명하시오.

- **Point**

    - 01 변압기 구조
    - 02 변압기 종류
    - 03 변압기 결선방식

Level B01~50

B07 수변전설비 기기 선정 [변압기①]

문제 변압기 결선방식과 결선 시의 고려사항에 대하여 설명하시오.

답안

1. 개요
    1) 변압기 결선방식이란?
    2) 계통의 중성점 접지방식, 극성 및 각변위 검토
    3) 여자전류와 철심 자속 간 비직선적인 자기포화 현상(제3고조파 고려)

2. 변압기 결선방식
    가. 결선방식의 분류
    나. ⊿ - ⊿ 결선 방식
    다. Y - Y 결선 방식
    라. Y - ⊿, ⊿ - Y 결선 방식
    마. V - V 결선 방식(이용률, 출력비)
    바. 기타 결선 방식(역 V 결선, 스콧 결선, Y - ZigZag 결선)

3. 변압기 결선 방식 선정 시 고려사항
    가. 여자전류의 제3고조파 성분 검토
        1)
        2)
    나. 중성점 접지 방식 검토
        1)
        2)
    다. 극성 검토(1, 2차간 유기기전력 방향)
    라. 각변위 검토(변압기 병렬운전 조건)
    마. 변압기 사용 전압, 전류 및 이용률

4. 변압기 결선방식 선정
    1) 자가용 수전설비의 경우
    2) 변전설비의 경우
    3) 발전설비의 경우(태양광 발전)

- **수변전설비 기기 선정 [변압기①] 기출문제**

  - 111회 1-6 (2차측 전로의 전압, 결선방식별 혼촉방지)
  - 110회 1-4 (여자전류 비정현파)
  - 107회 4-2 (Y - ZigZag ⊿ 결선)
  - 105회 1-6 (3권선 변압기 용도 및 특성)
  - 104회 2-5 (단권변압기)
  - 103회 3-6 (변압기 여자돌입전류)
  - 97회 1-12 (변압기 절연방식 종류)
  - 96회 1-9 (변압기 결선도 단자전압 계산)

MEMO

B08

Level B 실전 답안 작성 가이드

수변전설비 기기 선정 [변압기②]

- **변압기 원리, 구조, 결선방식, 병렬운전, 손실 및 효율**

    예제   변압기 병렬운전 조건 및 붕괴현상에 대하여 설명하시오.
    예제   변압기 병렬운전 시 부하 분담에 대하여 설명(계산, 증명)하시오.
    예제   변압기 결선 방식과 병렬운전 방식에 대하여 설명하시오.

- **Point**

    01 변압기 결선
    02 변압기 병렬운전

B08 수변전설비 기기 선정 [변압기②]

문제 변압기 병렬운전 조건 및 붕괴현상에 대하여 설명하시오.

답안

1. 개요
   1) 변압기 병렬운전이란?
   2) 부하의 증가 및 변압기 고장 시의 공급능력 향상
   3) 부하 변동에 따른 경제적 변압기 운전(개별, 병렬, 통합운전)

2. 변압기 병렬운전 조건 (붕괴현상)
   가. 병렬운전 필요조건(반드시 만족)
   1) 권수비 동일(변압기 2차 전압)
   2) 단상은 극성, 삼상은 상회전방향(상순) 일치
   3) X/R 비 일치
   4) 삼상 각변위(결선방식) 일치

   나. 병렬운전 충분조건(만족 시 편리)
   1) 용량 및 %Z 일치
   2) 온도 상승한도 일치
   3) 내충격 전압(BIL) 일치

3. 변압기 병렬운전 시 부하 부담
   가. 각 변압기의 임피던스 전압이 다를 경우 부하 분담
      (2대 또는 3대의 병렬운전 조건 검토)
   나. 변압기 통합 운전
   1) 변압기의 총합 효율 경감
   2) 통합운전중, 설비고장이 있더라도 공급신뢰도 유지
   3) 변압기 단시간 과부하 운전조건을 만족하는 조건에서 운전가능

4. 결론

- **수변전설비 기기 선정 [변압기②] 기출문제**

  - 113회 3-3 (병렬운전 중 결선방식 고려)
  - 112회 4-4 (병렬운전 조건 및 붕괴현상)
  - 103회 4-3 (병렬운전 조건)
  - 98회 1-1 (병렬운전 계산)

MEMO

Level B 실전 답안 작성 가이드

B09

수변전설비 기기 선정 [변압기③]

- **변압기 원리, 구조, 결선방식, 병렬운전, 손실 및 효율**

  예제   전력용 변압기 최대효율 조건에 대하여 설명하시오.

  예제   변압기에서 철손과 동손이 동일할 때 최고효율이 되는 이유를 수식으로 설명하시오.

  예제   변압기 부하율에 따른 전력손실에 대하여 설명하시오.

- **Point**

  01 변압기 부하율
  02 변압기 효율특성

B09 수변전설비 기기 선정 [변압기③]

문제 변압기 손실 및 효율에 대하여 설명하시오.

답안

1. 개요
    1) 변압기 상시 가압 운전에 따른 효율
    2) "건축물 에너지절약 설계기준"에 따라 저소음 고효율 변압기 채택
    3) 배선설비 손실 기준 변압기 손실이 가장 큼

2. 변압기 손실
    가. 변압기 손실의 종류
    나. 무부하손(NO load loss, 고정손)
        1) 철손(iron loss) : 히스테리시스손, 와류손, 열손실
        2) 유전체손, 여자전류 저항손
        3) 철손의 주파수 특성
    다. 부하손(load loss, 가변손)
        1) 저항손(Resistance loss) : 부하전류와 권선저항 손실(동손)
        2) 표류부하손(Stray load loss)
        3) 부하손의 부하전류 특성
    라. 손실 저감 대책
        1) 히스테리시스손
        2) 와류손

3. 변압기 효율
    가. 규약효율
        1) 실측효율 : 입력과 출력의 비를 직접 측정
        2) 규약효율 : 입력을 출력과 손실의 합으로 나타내는 방법
    나. 최대효율 조건
        1) 부하율 m일 때 효율
        2) 철손과 동손이 같을 때 효률이 최대
    다. 전일효율(All day effciency)

4. 결론

• **수변전설비 기기 선정 [변압기③] 기출문제**

　・112회 1-3 (변압기 부하율과 전력손실)
　・111회 1-11 (변압기 최대효율 조건)
　・110회 4-3 (변압기 부하율과 효율)
　・108회 1-4 (최대효율 유도)
　・102회 2-5 (변압기 과설계 시 손실 및 효율)
　・101회 1-8 (변압기 최저소비, 표준소비효율)
　・100회 1-7 (변압기 철손, 동손, 최고효율 수식)

MEMO

Level B 실전 답안 작성 가이드

B10

수변전설비 기기 선정 [변압기④]

- **전력용 변압기 운전조건에 따른 변압기 선정**

  - 예제 변압기 과부하 운전조건과 운전금지 조건에 대하여 설명하시오.
  - 예제 변압기 수명과 과부하운전에 대하여 설명하시오.
  - 예제 변압기 철심과 권선의 온도상승에 대한 냉각방식을 설명하시오.
  - 예제 변압기 냉각방식 규격에 대하여 설명하시오.

- **Point**

  - 01 변압기 운전조건
  - 02 변압기 냉각방식

Level B01~50 실전 답안 작성 가이드 목차정리

B10 수변전설비 기기 선정 [변압기④]

문제 변압기 냉각방식과 과부하 운전 조건에 대하여 설명하시오.

답안

1. 개요
   1) 변압기 운전 시 손실에 따른 철심 및 권선의 발열
   2) 변압기 종류에 따른 온도상승한도(유입/몰드 변압기)

2. 변압기 냉각방식
   가. 변압기 냉각방식의 분류 (ANSI, IEC/JEC)
   나. IEC 규격 (냉각방식 표기)
      1) 첫 번째 글자 : 내부 냉각매체의 물질(A, O, G)
      2) 두 번째 글자 : 내부 냉각매체의 순환방식(N, F, D)
      3) 세 번째 글자 : 외부 냉각매체의 물질(A, W)
      4) 네 번째 글자 : 외부 냉각매체의 순환방식(N, F)
   다. 냉각방식의 종류 (권선 및 철심 냉각매체, 주위의 냉각매체)

3. 변압기 과부하 운전 조건
   가. 변압기 용량 결정(온도상승 한도, 냉각방식)
   나. 유입변압기 주위 온도저하에 따른 과부하 운전조건
      1)   2)   3)   4)
   다. 온도상승 시험기록에 의한 과부하 운전조건
      1)   2)   3)   4)
   라. 유입변압기 단시간 과부하 운전조건 (24시간 이내 1회)
   마. 유입변압기 부하율 저하로 인한 과부하 운전조건
   바. 여러 가지 조건이 중복된 경우의 과부하 운전조건
      1) 허용 과부하
      2) 과부하 중복 조건의 제한 (연속 과부하 운전 제한)
   사. 변압기 과부하 제외 조건
      1)   2)   3)   4)

4. 결론

- **수변전설비 기기 선정 [변압기④] 기출문제**

  - 105회 4-4 (변압기 수명과 과부하운전)
  - 99회 1-11 (변압기 냉각방식)
  - 91회 1-7 (변압기 냉각방식)
  - 90회 1-11 (과부하 운전조건 및 금지조건)

MEMO

Level B 실전 답안 작성 가이드

B11

수변전설비 기기 선정 [변압기⑤]

- **건축물 부하설비에 적합한 전력용 변압기 선정**

  - (예제) 변압기의 종류를 들고 그 특징에 대하여 설명하시오.
  - (예제) 변압기 공장 입회시험 방법 및 특성에 대하여 설명하시오.
  - (예제) 변압기 절연방식의 종류를 들고 설명하시오.
  - (예제) 특수변압기의 종류 및 특징에 대하여 설명하시오.
  - (예제) 아몰퍼스 고효율 몰드변압기와 저소음 고효율 몰드변압기를 비교 설명하시오.

- **Point**

  01 부하 특성
  02 변압기 선정

Level B01~50 실전 답안 작성 가이드 목차정리

B11 수변전설비 기기 선정 [변압기⑤]

문제 변압기의 종류를 들고 그 특징에 대하여 설명하시오.

답안

1. 개요
    1) 변압기 사용 용도, 특성, 설치장소, 냉각방식 고려 선정
    2) 변압기의 종류는 크게 절연방식과 철심재료에 따라 분류

2. 변압기의 분류 항목
    1) 절연 방식 : 유입식, 몰드식, 건식, SF_6 가스식
    2) 상   수 : 단상 변압기, 3상 변압기
    3) 권 선 수 : 단권 변압기, 2권선 변압기, 3권선 변압기
    4) 철심 구조 : 외철형, 내철형, 권철심형, 적철심형
    5) 철심 재료 : 방향성 규소강판, 아몰퍼스 코어, 자구미세화 코어
    6) 냉각 방식 : 공냉식(자냉/풍냉식), 유입식(자냉/풍냉/수냉/송유식)
    7) 용   도 : 절연변압기, NCT, K-factor 변압기, 누설변압기 등

3. 변압기 권선수에 따른 분류
    가. 단권 변압기 : 구조, 용량, 특징
    나. 2권선 변압기 : 구조, 용량, 특징
    다. 3권선 변압기 : 구조, 용량, 특징(%Z 표현, 등가회로)

4. 변압기 절연물에 따른 분류
    1) 유입, 건식, 몰드, 가스절연, 방식이 있으며 설계 시 유입과 몰드방식이 검토
    2) 절연방식 비교

구 분	건식	유입(A종)	몰드(B,F종)	가스절연
절연물				
내열계급				
권선온도 상승한도				
과부하 허용한도				
전력손실				
연소점				
소 음				
단락강도				
충격내전압				
중량 및 외형치수				

5. 변압기 철심재료에 따른 분류

1) 규소강판(G-10), Laser Core, 아몰퍼스 Core로 크게 구분 생산
2) 철심재료 비교

구 분	레이져	아몰퍼스	표준규소
적용 Core			
Core 형태			
자속 밀도(B_m) [wb/m^2]			
효율 [%]			
소음 [dB]			
작업성, 생산성			
수리			
제작			
총손실 [kW]			
시중가격 [만원] (1,000[kVA] 기준)			

6. 결론

Level B01~50 실전 답안 작성 가이드 목차정리

- **수변전설비 기기 선정 [변압기⑤] 기출문제**

  - 112회 1-5 (변압기 소음 원인, 대책)
  - 107회 1-5 (K-factor 변압기)
  - 104회 4-3 (아몰퍼스 변압기 에너지 절감, 고조파 저감효과)
  - 101회 1-4 (몰드 변압기)
  - 97회 1-12 (변압기 절연방식 종류)
  - 96회 3-4 (아몰퍼스와 몰드 변압기 비교)
  - 94회 1-4 (변압기 누설전류)
  - 94회 3-1 (K-factor 변압기, 허용용량계수)
  - 92회 1-12 (변압기 공장 입회시험)

B12

Level B 실전 답안 작성 가이드

수변전설비 기기 선정 [개폐기①]

- **개폐기의 원리, 종류, 특성, 적용 및 선정**

  - 예제) 차단기의 동작 메커니즘에 대하여 설명하시오.
  - 예제) 고압차단기의 종류 및 특성을 비교하여 설명하시오.
  - 예제) 전력용 차단기의 정격전압, 정격전류, 정격차단전류, 정격차단시간에 대하여 설명하시오.
  - 예제) 차단기의 회복전압의 종류 및 특징에 대하여 설명하시오.

- **Point**

  01 개폐기 종류
  02 고압차단기 종류
  03 특성

Level B01~50

실전 답안 작성 가이드 목차정리

B12 수변전설비 기기 선정 [개폐기①]

문제 고압차단기의 표준정격에 대하여 설명하시오.

답안

1. 개요
    1) 차단기의 정격은 계통에서 요구되는 정격용량을 반드시 충족
    2) 정격사항 : 정격전압, 정격전류, 정격차단용량, 정격차단전류, 정격투입전류,
       표준동작 책무, 차단기 개폐시간, 트립 방식 및 과도회복전압(TRV) 등

2. 고압차단기의 종류
    가. 국내 관련 기준
        1) 판단기준 제39조 (고압 및 특고압 전로 중의 과전류차단기)
        2) ES-5925-0001 (한전규격)
    나. 고압차단기의 종류
        1) 차단능력, 소호방식, 차단시간, 정격전압, 연소성, 개폐서지, 수명
        2) OCB, MBB, ABB, VCB, GCB

3. 고압차단기 표준 정격
    가. 정격전압
        1) 정 의 : 차단기에 부과될 수 있는 사용회로 전압의 상한
        2) 정격값 :
    나. 절연강도
    다. 정격주파수
    라. 정격전류
        1) 정 의 : 규정된 온도상승한도를 초과하지 않는 연속허용전류
        2) 정격값 :
    마. 정격차단전류(교류분 실효치)
        1) 정 의 : 차단기의 정격전압에 해당하는 회복전압 및 정격재기전압을 갖는 회로조건에서
           규정된 표준동각 책무를 수행할 수 있는 차단전류의 최대한도
        2) 정격 단시간 내전류 :
    바. 정격투입전류
    사. 표준동작책무(KS C 4611, KS C 8331 & 한전표준)
    아. 차단기 개폐시간 곡선
    자. 회로조건 및 기타

- **수변전설비 기기 선정 [개폐기①] 기출문제**

  - 112회 1-11 (트립 시 이상전압)
  - 110회 1-11 (차단기 회복전압 종류, 특징)
  - 106회 4-4 (VCB 적용 근거)
  - 104회 1-11 (차단기 트립프리)
  - 103회 3-3 (차단기 투입, 트립방식)
  - 99회 2-6 (TRV 원인, 대책)
  - 96회 4-2 (특고압 차단기 선정)
  - 95회 2-6 (TRV 파라미터)
  - 93회 3-4 (TRV 지수, 진동, 삼가파형)
  - 92회 1-4 (차단기 정격)
  - 92회 3-6 (TRV 유형)

MEMO

Level B 실전 답안 작성 가이드

B13

수변전설비 기기 선정 [개폐기②]

- **개폐기의 원리, 종류, 특성, 적용 및 선정**

  - 예제) 저압차단기의 종류 및 특성을 비교하여 설명하시오.
  - 예제) 저압계통 보호장치 위치, 협조 및 생략 조건에 대하여 설명하시오.
  - 예제) Cascade 보호방식과 전정격 차단방식을 비교 설명하시오.
  - 예제) 배선용 차단기의 차단협조에 대하여 설명하시오.

- **Point**

  - 01 개폐기 종류
  - 02 저압차단기 종류
  - 03 특성

Level B01~50 실전 답안 작성 가이드 목차정리

B13 수변전설비 기기 선정 [개폐기②]

문제 저압차단기의 종류 및 특성을 비교하여 설명하시오.

답안

1. 개요
1) 저압용 차단기는 일반적으로 일반전기설비(소용량)의 MOF 2차측, 자가용전기설비(중, 대형)의 TR 2차측 이후 설치
2) AC 1,000[V] 이하 저압전로에 적용되는 부하 전류의 개폐, 사고전류의 차단 목적으로 설치

2. 저압차단기의 종류
1) 기중 차단기 (ACB : Air Circuit Breaker)
2) 배선용 차단기 (MCCB : Molded Case Circuit Breaker)
3) 저압 한류형 퓨즈 (FUSE)
4) 누전차단기 (ELB)
5) 전자개폐기 (Magnetic Contactor)

3. 저압차단기 특성 비교 【표】
【비교항목】
1) 정격전류 범위
2) 과전류 동작 특성(최소동작전류)
3) 정격차단전류
4) 특징 및 적용설비

4. 저압회로의 차단용량 [참고사항]

가. 자가용 전기설비의 공급범위
1) 일반적으로 전력공급 단위 100[kW]×3대, 500[kVA]×1대를 기준
2) 공급전력의 한계는 단상 30[kW], 삼상 단독선로 99[kW] 정도

나. 전로별 정격차단용량

종류	전로의 구분		정격전류 [A]	정격차단용량 [kA]
1	전기사업자의 저압배전 선로로부터 공급되는 수용가 옥내전로(110[V], 220[V], 3Φ, 1Φ)		30 이하	1.5
			초과	2.5
2	종류1 이외, 고압 또는 특고압의 변압기에서 공급 저압옥내전로 (110[V], 220[V], 3Φ, 1Φ)	뱅크용량 100[kVA] 이하 TR 공급전로	30 이하	1.5
			초과	2.5
		100[kVA] 초과 300[kVA] 이하	30 이하	2.5
			초과	5.0
		300[kVA] 초과	차단용량 산출 (단락전류 안전차단 용량선정)	

· **수변전설비 기기 선정 [개폐기]② 기출문제**

> · 111회 3-2 (배선용차단기의 규격 산업용, 주택용)
> · 110회 3-4 (누전차단기 오동작)
> · 107회 1-9 (유도전동기 배선용 차단기 선정조건)
> · 107회 3-4 (누전차단기 오동작)
> · 106회 1-6 (저압차단기 용도별 적용)
> · 104회 3-2 (배선용 차단기 차단용량 선정기준)
> · 103회 4-5 (배선용 차단기 차단협조)

MEMO

수변전설비 기기 선정 [개폐기③]

- **개폐기의 원리, 종류, 특성, 적용 및 선정**

  예제 한류퓨즈와 비한류퓨즈의 장단점과 적용조건을 설명하시오.

  예제 전력퓨즈 선정 시 고려해야 하는 주요 특성에 대하여 종류별로 구분하여 설명하시오.

  예제 전력퓨즈의 표준정격 및 선정에 대하여 설명하시오.

- **Point**

  01 개폐기 종류
  02 전력퓨즈 종류
  03 특성

B14 수변전설비 기기 선정 [개폐기③]

문제 전력용 퓨즈 선정 시 주요 특성에 대하여 설명하시오.

답안

1. 개요
   1) 전력용 퓨즈의 정의 및 종류
   2) 차단기, 릴레이, 변성기의 3역할을 동시 수행, 확실한 동작특성의 단락보호용 차단기
      (정격전압, 정격전류, 정격차단용량)

2. 전력퓨즈의 기능 및 종류
   가. 적용 규격
      1) IEC 60420(일반퓨즈, G-Type)
      2) KS C 4612(일반(G), 변압기(T), 모터(M), 콘덴서(C))
   나. 전력퓨즈의 기능 : 단락전류의 차단
   다. 전력퓨즈의 종류 (한류형/비한류형【표】)

3. 전력퓨즈의 특성 및 장단점
   가. 한류 효과의 개념(전차단시간 그래프)
   나. 전력퓨즈의 I-t 특성(전류-시간 특성 곡선)
      1) 용단시간 - 전류특성
      2) 허용시간 - 전류특성
      3) 동작시간 - 전류특성
   다. 0.01초 이상/이하의 동작특성
   라. 전력퓨즈의 장단점 비교【표】

4. 전력퓨즈의 표준정격
   가. 정격전압
      1) 정의 : 계통에서 사용 가능한 전압한도
      2) 정격값 :
   나. 정격전류
      1) 정의 : 전력퓨즈 온도상승 한도 내 연속 통전 실효값 전류
      2) 정격값 :
   다. 정격차단용량
      1) 정의 : 퓨즈가 차단할 수 있는 최대의 단락전류
      2) 정격값 :

5. 전력퓨즈의 선정

　가. 일반 회로의 선정기준(상시, 단시간 및 보호협조)

　나. 변압기 회로의 선정기준(여자돌입전류, 과부하 전류, 단락전류)

　다. 전동기 회로의 선정기준(기동 시, 빈번한 개폐, 정/역 운전, 사고전류)

　라. 콘덴서 회로의 선정기준(정격전류, 투입과도전류)

　바. 고압퓨즈의 규격(KEC)

　　　1) 포장 퓨즈 : 정격전류 1.3배 견디고, 2배의 전류에 120분 이내 용단

　　　2) 비포장 퓨즈 : 정격전류 1.25배 견디고, 2배의 전류에 2분 이내 용단

Level B01~50

실전 답안 작성 가이드 목차정리

- **수변전설비 기기 선정 [개폐기③] 기출문제**

  - 107회 1-4 (PF 적용 시 결상, 역상 보호 방안)
  - 104회 4-4 (전력퓨즈 선정 시 고려사항)
  - 97회 1-5 (한류퓨즈, 비한류퓨즈 장단점, 적용조건)
  - 81회 1-13 (전력용 퓨즈의 용도)

Level B 실전 답안 작성 가이드

B15

수변전설비 기기 선정 [피뢰기]

- **피뢰기 원리, 구성, 성능, 특성, 보호, 표준정격 및 설치기준**

  예제) 피뢰기(LA)에 대하여 다음 사항을 설명하시오.
  1) 설치목적   2) 구조 및 구성   3) 정격선정
  4) 설치위치   5) Gapless 피뢰기

  예제) LA와 SA를 비교 설명하시오.

  예제) 피뢰기 정격전압 결정 시 고려사항에 대하여 설명하시오.

  예제) 피뢰기의 열 폭주 현상을 설명하시오.

- **Point**

  01 외부이상전압
  02 피뢰기 종류
  03 피뢰기 특성

Level B01~50

B15 수변전설비 기기 선정 [피뢰기]

문제 피뢰기의 종류 및 특성에 대하여 설명하시오.

답안

1. 개요
    1) 피뢰기(특성요소, 비직선 저항) 정의
    2) 피뢰기의 속류차단 특성(이상전압은 신속 방전 후 정상회복)
    3) 전력계통에 접속하는 설비의 하나로 정격사항 포함
        (정격전압, 방전개시전압, 제한전압, 동작책무, 방전내량, 내오손 성능)

2. 피뢰기의 동작원리 및 구성
    가. 피뢰기 동작원리(계통도, 동작순서도)
    나. 피뢰기 구성(특성요소, 직렬갭)
    다. 피뢰기 구조
        1) 외부 구조
        2) 내부 구조(갭형과 갭레스형)

3. 피뢰기의 방전특성
    가. 특성요소 전압-전류 특성(3종류의 전류영역)
    나. 비직선 저항 특성 곡선
    다. 특성요소 전압-전류 특성곡선
    라. 갭형과 갭레스형 피뢰기의 방전 특성 곡선 비교

4. 피뢰기의 종류와 특징
    가. 피뢰기 종류별 구조와 특징 비교 【표】
    나. 피뢰기 요구 성능 및 동작곡선
        1) 충격내전압(피보호기기의 절연레벨, BIL)
        2) 충격방전개시전압(이상전압 내습 시 피뢰기기 방전개시 전압)
        3) 제한전압(피뢰기 동작시 피뢰기 단자전압 파고값)
        4) 상용주파내전압(사용주파전압에 대한 내전압)
        5) 방전전류(피뢰기 동작시 대지로 흐르는 충격전류)
        6) 속류(피뢰기 동작완료 후 대지로 흐르는 상용주파전류)
        7) 정격전압(피뢰기 설치 시 인가되는 상용주파전압 최고한도 실효값)
        8) 상용주파방전개시전압(피뢰기 방전개시 최저 상용주파전압의 실효값)
        9) 방압등급, 방전내량

5. 피뢰기 부속장치

　가. 단로장치

　나. 피뢰기 방전계수기

　다. 피뢰기 접지

　　　1) 접지저항

　　　2) 접지선 굵기 산정

6. Gap형과 Gapless형 특성비교

　가. Gap형

　　　1) 특성요소

　　　2) 직렬갭

　나. Gapless형

　　　1) 특성요소

　　　2) 방전갭

　　　3) 속류

　다. 피뢰기 V-I 특성곡선

　라. 피뢰기 방전특성

Level B01~50   실전 답안 작성 가이드 목차정리

- **수변전설비 기기 선정 [피뢰기] 기출문제**

  - 109회 1-11 (피뢰기 공칭방전전류)
  - 105회 1-5 (피뢰기 열폭주 현상)
  - 102회 1-1 (피뢰기 충격전압비, 제한전압)
  - 94회 1-6 (피뢰기 정격전압)
  - 91회 1-9 (피뢰기 정격전압)

Level B 실전 답안 작성 가이드

B16

수변전설비 기기 선정 [변성기①]

- **계기용 변성기(MOF, PT, CT, ZCT, GPT) 원리, 특성 및 정격**

  - 예제 계기용 변성기의 종류 및 특성에 대하여 설명하시오.
  - 예제 계기용 변성기의 적용방법과 특징에 대하여 설명하시오.
  - 예제 이중비 CT의 내부 접속도를 간단히 그려서 설명하시오.
  - 예제 콘덴서형 계기용변압기(CCPD)의 원리와 종류 및 특성을 설명하시오.

- **Point**

  - 01 계기용 변성기
  - 02 종류 및 특징 일반

B16 수변전설비 기기 선정 [변성기①]

문제 계기용 변성기의 종류 및 특성에 대하여 설명하시오.

답안

1. 개요
1) 고전압, 대전류 회로의 전압과 전류 측정 목적으로 주회로에 접속, 저전압, 소전류를 계측기 및 계전기에 공급
2) 또한 계기회로를 주회로와 절연을 위해 설치

2. 계기용 변성기 종류 【표】

분 류	전 압	전압/영상전압	전 류	영상전류	전력수급용
명 칭	PT	GPT	CT	ZCT	MOF
계측용	○	○	○	△	-
보호용	○	○	○	○	-
전력수급용	-	-	-	-	○

3. 계기용 변압기(PT)
가. 정격
1) 변압비 :
2) 부담(2차측) :
3) 오차범위 및 정격출력 :

나. 설치 및 결선도
1) Fuse 설치 :
2) 결선도

4. 접지형 계기용 변압기(GPT)
가. 정격
1) 변압비 :
2) 한류저항기(CLR) :
  ① 비접지 방식에서 SGR 동작, 유효 전압 발생
  ② 제3고조파 발생 방지 (중성점 전위상승 억제, 불안정 현상 제거)
  ③ CLR 정격 (3.3[kV] : 50[Ω]-1[kW], 6.6[kV] : 25[Ω]-2[kW])

나. 결선도

5. 계기용 변류기(CT)

　　가. 정격

　　　　1) 변류비 :

　　　　2) 부담(2차측) :

　　　　3) 오차한도 및 과전류강도 :

　　　　4) 과전류 특성 (오차제한 1차전류, 제한계수, 오차계급, 포화특성)

　　나. 결선도

6. 영상 변류기(ZCT)

　　가. 정격

　　　　1) 변류비 :

　　　　2) 정격 과전류 배수 :

　　　　3) 정격 여자 임피던스

　　나. 설치 및 결선도

　　　　1) 잔류전류

　　　　2) ZCT의 접지 관통

7. 계기용 변압변류기(MOF)

　　가. 정력

　　　　1) 규정 오차 범위

　　　　2) 정밀등급

　　　　3) MOF 과전류 강도 (22.9[kV]급, 변류비와 S/S거리 표준)

　　나. 결선도

Level B01~50 실전 답안 작성 가이드 목차정리

- **수변전설비 기기 선정 [변성기①] 기출문제**

  - 110회 1-3 (표준정격 표시)
  - 110회 3-3 (ZCT)
  - 109회 4-5 (CT 이상현상)
  - 106회 1-2 (변류기 부담)
  - 98회 1-12 (이중비 CT 접속도)
  - 90회 1-10 (CT 개로 시 이상현상)

Level B 실전 답안 작성 가이드

B17

수변전설비 기기 선정 [변성기②]

- **계기용 변성기 포화특성, 과전류특성 및 표준정격**

  예제) CT, ZCT, MOF의 과전류 정수, 정격부담, 과전류 강도에 대하여 설명하시오.

  예제) 전류변성기의 Knee Point Voltage에 대하여 설명하시오.

  예제) 보호계전기용 변류기의 소손 원인 및 과전류정수에 대해 설명하시오.

  예제) 변류기의 과전류 특성에 대하여 설명하시오.

- **Point**

  01 계기용 변성기
  02 종류 및 특징 일반

B17 수변전설비 기기 선정 [변성기②]

문제 IEC 변류기의 표준정격에 대하여 설명하시오.

답안

1. 부담

   가. 정격부담

   1) 오차범위를 유지할 수 있는 임피던스
   2) $VA = I_2^2 \times Z$ = (5^2×전선의 저항) + 계기, 계전기 소비부담합

   나. 표준

   1) pf = 0.8인 CT의 2차 부담
   2) 5, 10, 15, 20, 40, 60, 100[VA]
   3) 오차 한도별 용도

용도	IEC 계급 (전류비 100[%]시 오차)	
초정밀측정	정격부담[VA] 25~100[%] pf = 0.8	0.1
고정밀측정, 요금계산		0.2
정밀측정, 요금계산		0.5
공업용 계측, 전압/전류/전력 등		1
전압/전류 측정 및 과전류 계전기 등		3
보호계전기	정격부담[VA] 110[%] pf = 0.8	5P
		10P

2. 과전류 강도

   가. 정격 단시간 열전류(I_{th} : 열적 과전류 강도)

   1) 2차 권선을 단락한 상태에서 CT에 특별한 영향없이 변류기가 1초 동안 견디는 1차 전류의 실효값
   2) 정격 과전류 강도

   $$S_N = \frac{I_S}{I_N}\sqrt{t}$$

   여기서, I_S(단락전류 [A]), I_N(CT 1차 정격전류 [A]), t(차단기간, 표준 1초)

   3) 표준 : 40, 75, 150, 300I_N

   나. 정격 동적 과전류강도(I_{dyn} : 기계적 과전류 강도)

   1) CT 2차 권선 단락 시 변류기에 유발된 전자기적 힘에 의해 전기적, 기계적 손상없이 견디는 1차 전류의 파고값
   2) 주파수에 관계없이 $I_{th} \times 2.5$배

3. 전류비 오차와 합성 오차

가. 전류비 오차 (ϵ_i)

$$\epsilon_i = \frac{k_n I_S - I_P}{I_P} \times 100 \, [\%]$$

여기서, k_n (정격전류비), I_P (실 1차전류), I_S (I_P가 흐를 때 2차 전류)

나. 합성 오차 (ϵ_L)

$$\epsilon_L = \frac{100}{I_P} \sqrt{\frac{1}{T} \int_0^T (k_n i_s - i_p)^2 \, dt}$$

여기서, i_s (2차 전류 순시치), i_p (1차 전류 순시치), T (1 cycle 주기 [sec])

4. 변류기 과전류 영역 특성

가. 계기용 변류기

1) 정격 계기 제한 1차 전류(IPL)

   CT 2차 정격부담일 때 CT 합성오차가 10[%]와 같거나 이보다 클 때의 최소 1차 전류값

2) 기기 안전 계수(FS)

   정격 1차 전류와 IPL의 비율(FS가 작을수록 2차 연결 기기 안전)

3) 표준 오차 제한 계수

   표준 오차 계급 0.1-0.2-0.5-1-3-5

나. 보호용 변류기

1) 정격 오차 제한 1차 전류

   CT가 요구된 합성오차를 넘지 않는 한도까지의 1차 전류

2) 오차 제한 계수(ALF)

   ① $ALF = \dfrac{정격오차제한1차전류}{CT\,1차\,정격\,전류}$

   ② 표준 : n>5, n>10, n>20, n>40

   ③ 오차 제한 계수 × 변류기 정력 부담 = 일정

   ④ 사용 부담에 따른 ALF

   $$ALF = \frac{I_s \times 실부담}{I_n \times 정격부담} \times 과전류\,계수(0.5)$$

3) 표준 오차 계급

   5P (합성오차 5[%]), 10P (합성오차 10[%])

Level B01~50

실전 답안 작성 가이드 목차정리

- **수변전설비 기기 선정 [변성기②] 기출문제**

  - 108회 1-2 (과전류 강도)
  - 107회 1-1 (과전류 강도계산)
  - 106회 1-2 (변류기 부담)
  - 94회 1-3 (포화전압)

Level B 실전 답안 작성 가이드

B18

수변전설비 기기 선정 [변성기③]

- **기타 계기용 변성기**

  예제) 비접지 계통에서 지락 시 GPT를 사용하여 영상전압을 검출방법에 대하여 설명하시오.

  예제) 콘덴서형 계기용 변압기(CCPD)의 원리와 종류 및 특성을 설명하시오.

- **Point**

  01 기타 계기용 변성기
  02 종류 및 특징 일반

B18 수변전설비 기기 선정 [변성기③]

문제 콘덴서형 계기용변압기의 원리, 종류 및 특성을 설명하시오.

답안

1. 개요
   1) 콘덴서에 의해 주회로와 대지간의 전압을 분압 변성
   2) 절연 성능 우수, 분압용 콘덴서가 반송파에 의한 통신용 또는 보호용의 결합콘덴서로 이용

2. 콘덴서형 계기용 변압기

   가. 계기용 변압기 종류
   1) 주콘덴서 및 분압회로에 사용하는 리액터의 형태에 따른 분류
      : 결합콘센서형, 부싱형, 1차/2차 리액터형, 누설변압기형
   2) 설치장소에 따른 분류
      : 보호지역용, 비보호지역용

   나. 특성 (오차 특성)
   1)
   2)
   3)

   다. 과도현상
   1) 1차측의 단락 시 :
   2) 1차측의 개방 시 :
   3) 2차측의 단락 시 :
   4) 2차측의 전기적 충격 :

- **수변전설비 기기 선정 [변성기③] 기출문제**
    - 107회 3-2 (영상전압 검출)
    - 103회 1-1 (CCPD 원리, 종류, 특성)
    - 103회 2-5 (GPT 영상전압 검출)

MEMO

Level B 실전 답안 작성 가이드

B19

수변전설비 기기 선정 [콘덴서]

- **전력계통의 역률 제어 기기의 원리, 종류 및 특징**

  - 예제) 전력용 콘덴서의 용량계산 방법에 대하여 설명하시오.
  - 예제) 역률 제어 기기의 종류를 들고 설명하시오.
  - 예제) 전력용 역률 개선 콘덴서 설치방법 및 설치효과에 대하여 설명하시오.
  - 예제) 고압전력용 콘덴서의 결선방법에 대하여 설명하시오.
  - 예제) 직렬리액터에 대하여 다음 사항을 설명하시오.
    1) 설치목적   2) 용량선정   3) 설치 시 문제점 및 대책

- **Point**

  - 01 계통역률 저하
  - 02 역률개선방법
  - 03 전력용콘덴서
  - 04 SC원리, 종류, 특징
  - 05 과보상
  - 06 고압콘덴서

B19 수변전설비 기기 선정 [콘덴서]

문제 역률 개선 콘덴서 설치방법 및 설치효과에 대하여 설명하시오.

답안

1. 개요
   1) 전력계통 역률(개선)의 정의
   2) 설치효과 및 과보상 대책

2. 관련규정
   1) 건축전기설비설계기준(동력설비 역률개선)
   2) 기본공급 약관 제41조, 제42조 및 시행세칙 제27조(역률관련)
   3) IEEE std. 1036
   4) 건축물에너지절약설계기준

3. 전력용 콘덴서 설치 시 고려사항
   가. 전력용 콘덴서 원리 및 계통도
      1) 전력 계통도
      2) 관련공식
   나. 설치방법
      1) 설치위치 고려
      2) 운전방식 고려
   다. 설치효과
      1) 전압강하 보상
      2) 설비여유도 증가
      3) 손실감소(선로, 변압기 손실)
      4) 전력요금 경감
   라. 과보상 시 문제점 및 대책
      1)
      2)
      3)
      4)

4. 결론

· 수변전설비 기기 선정 [콘덴서] 기출문제

- 112회 2-3 (콘덴서 절연열화)
- 110회 1-8 (콘덴서 내부소자 보호)
- 110회 2-2 (고조파 콘덴서 영향, 대책)
- 109회 1-6 (직렬리액터 설치)
- 109회 1-13 (콘덴서의 허용최대전류)
- 105회 1-3 (콘덴서 열화원인)
- 105회 1-9 (역률개선 효과)
- 104회 3-6 (콘덴서 개폐서지 특이현상)
- 99회 1-12 (종합열률, 피상전력계산)
- 98회 2-1 (고압콘덴서 고장 시 파급)
- 97회 1-1 (OCP 위치)
- 96회 1-13 (알루미늄전해 콘덴서 온도, 수명관계)
- 95회 1-9 (전력회사 역율보상)
- 94회 1-1 (콘덴서 개폐현상)
- 92회 3-1 (콘덴서의 방전장치, 직렬리액터)

MEMO

Level B 실전 답안 작성 가이드

B20

전력품질 안정화 설비

- **전력품질 향상 (고조파, 노이즈, 플리커 및 순시전압강하)**

  - 예제) 전력품질요소 종류를 들고 원인, 영향, 대책에 대하여 설명하시오.
  - 예제) 전력품질 안정화 장치의 종류를 들고 설명하시오.
  - 예제) 고조파 원인, 영향 및 대책에 대하여 설명하시오.(노이즈, 플리커)
  - 예제) 전압변동 시 전기설비에 미치는 영향을 설명하고 전압변동 개선방법을 설명하시오.
  - 예제) 전원계통에서 고조파를 억제하기 위한 수동필터와 능동필터를 비교하고 설계 시 고려사항에 대하여 설명하시오.

- **Point**

  - 01 고조파 발생원인
  - 02 영향 및 대책
  - 03 타설비 영향
  - 04 전력품질

Level B01~50

실전 답안 작성 가이드 목차정리

B20 전력품질 안정화 설비

문제 고조파 원인, 영향 및 대책에 대하여 설명하시오.

답안

1. 개요
   1) 고조파 정의(기본파의 정수배 주파수)
   2) 일반적으로 50차(3[kHz])까지 대상

2. 고조파 발생원과 발생과정

   가. 고조파 발생원
   1) 전원측 :
   2) 정류기설비와 사이리스터로 제어 부하 :
   3) 고조파 전류의 특징

   나. 고조파 발생 과정
   【그래프】

3. 고조파 전류에 의한 장해

   가. 장해의 종류(영향을 받는 기기)
   1) 조상설비(전력용 콘덴서, 콘덴서용 리액터)
   2) 변압기, 발전기
   3) 케이블, 중성선
   4) 과전류 계전기
   5) 전력용 퓨즈
   6) 전동기

   나. 고조파 전류 확대
   1) 고조파 유입으로 인한 콘덴서 단자전압 상승
   2) 직렬리액터 손실(직렬공진, 병렬공진)

   다. 고조파 관리 기준
   1) 종합 고조파 왜형률(THD)
   2) 종합 수용 왜형률(TDD)
   3) 등가방해전류(EDC)
   4) 한전 고조파 관리 규정(고조파 허용기준, 배전계통의 레벨)

4. 고조파 저감 대책 (공진현상 회피)

    1) 리액터(ACL, DCL) 설치

    2) 계통측 대책 : 다상화, 위상변위, 교류필터 사용 등

    3) 피해 기기측 대책

5 결론

Level B01~50

실전 답안 작성 가이드 목차정리

- **전력품질 안정화 설비 기출문제**

    - 113회 3-4 (고조파, 변압기, 회전기 영향, 대책)
    - 112회 4-2 (전력품질)
    - 111회 2-2 (간선의 고조파 전류)
    - 108회 1-11 (고조파의 케이블 영향)
    - 108회 2-6 (순시전압강하율)
    - 107회 4-4 (EMC, EMI)
    - 104회 2-3 (수변전설비 신뢰도)
    - 103회 1-2 (고조파 능수동필터)
    - 103회 1-3 (중성선의 과전류현상과 영상고조파)
    - 103회 4-6 (비선형부하의 역률)
    - 102회 1-8 (4심, 5심 케이블 고조파전류 보정계수)
    - 102회 4-1 (순시전압강하)
    - 101회 1-11 (고조파전압계수의 유도전동기 영향)
    - 101회 2-4 (안정도 향상대책)
    - 101회 3-2 (고조파의 전동기 영향)
    - 100회 1-8 (고조파와 노이즈 비교)
    - 100회 2-5 (전력품질 지표, 품질저하 현상)
    - 100회 4-4 (유도전동기 순신전압강하)
    - 98회 3-5 (고조파와 역률)
    - 97회 3-2 (계통의 과도불안정 발생원인, 영향)
    - 97회 4-3 (고주파 차수계산)
    - 95회 2-3 (공급신뢰도, 품질)
    - 95회 2-4 (고조파 발생영향)
    - 94회 2-1 (배전설비 간선의 고조파 발생, 영향, 대책)
    - 93회 4-4 (전동기 발생 고조파 계산)
    - 92회 4-3 (전자기장의 인체 영향)
    - 91회 1-4 (플리커 정의, 대책)
    - 90회 1-6 (전력품질의 기준요소)
    - 90회 1-9 (EMI의 전기배선 영향, 대책)
    - 90회 2-5 (전원설비의 신뢰성)
    - 90회 3-5 (전력변화장치 고조파 발생, 영향, 대책, 능동·수동필터)
    - 90회 4-5 (전압변동시 전기설비 영향)

Level B 실전 답안 작성 가이드

B21

예비전원 설비계획 [발전설비]

- **예비전원설비의 종류, 용량산정 및 설치 시 고려사항**

  - 예제) 건축물에 적용하는 예비전원설비의 종류를 들고 설명하시오.
  - 예제) 발전설비 설치 시 고려사항에 대하여 설명하시오.
  - 예제) 비상발전기의 출력전압 선정 시 저압과 고압에 대하여 설명하시오.
  - 예제) 비상발전기 용량산출 방법에 대하여 설명하시오.
  - 예제) 건축물의 비상발전기 운전 시 과전압의 발생원인과 대책에 대하여 설명하시오.

- **Point**

  - 01 예비전원설비
  - 02 종류 및 특징
  - 03 발전설비 선정

B21 예비전원 설비계획 [발전설비]

문제 비상발전기 용량산출 방법에 대하여 설명하시오.

답안

1. 개요
   1) 상용전원 정전대비, 중요부하 지속적 전원공급이 1차적인 목적
   2) 소방법 및 건축법 요구사항에 의거 필요 발전설비 용량 산정 필요
   3) 비상 발전기의 비가동 시간 증가, 과대용량 산정의 비경제성 검토

2. 비상발전기 용량산정 시 고려사항
   1) 정전 시 법령에 의한 비상용 부하 대상
   2) 건축물 시설의 특징, 용도, 종류, 운전 형태
   3) 고조파 발생 부하(UPS, Battery Charger 등)
   4) 유도 전동기 기동계급, 기동방식, 운전 시간
   5) 부하의 수용률, 부등률 및 경제성

3. 산출 방식(건축물전기설비 설계기준 준용)
   가. 일반적인 계산방법
      1) PG_g (정상운전 시)
      2) PG_d (순간허용전압강하)
   나. 소방부하용 계산방법(PG)
      1) PG_1 (정상상태 부하운용)
      2) PG_2 (기동시 순시전압강하 대비)
      3) PG_3 (최대 기동전류를 갖는 전동기 마지막 기동)
   다. 소방부하용 계산방법($1.47D \leq RG \leq 2.2$)
      1) RG_1 (정상부하 출력계수)
      2) RG_2 (허용전압강하 출력계수)
      3) RG_3 (단시간 과전류 내력 출력계수)
      4) RG_4 (허용 역상전류 출력계수)
   라. UPS용 발전기 용량 산정(등가 역상전류)
   마. RFP(Reserved Firefighting Power) 적용

4. 결론

· **예비전원 설비계획 [발전설비] 기출문제**

- 113회 1-8 (의료장소 비상전원)
- 113회 4-1 (PG, RG)
- 108회 2-4 (열병합형 스팀터빈)
- 104회 1-12 (동력부하 비상부하의 용량계산)
- 104회 2-6 (소형 열병합 발전설비)
- 103회 1-13 (동기발전기 병렬운전)
- 102회 3-5 (디젤엔진 트러블진단)
- 101회 4-5 (소방부하 발전기용량 감소방안)
- 98회 1-2 (동기발전기 전기자 반작용)
- 96회 2-5 (발전기 시동방식, 공기식의 특성)
- 95회 3-6 (비상발전기 출력전압 선정)
- 94회 2-2 (동력부하 비상발전기 용량계산)
- 93회 1-8 (발전기 출력용량, 전동기 기동 특성)
- 93회 2-3 (축전지, 충전기 용량산정 흐름도)
- 91회 3-3 (발전기 출력, 역률계산)
- 91회 4-4 (비상발전기 구동원리 비교)
- 90회 3-6 (발전설비 설치 시 고려사항)

MEMO

Level B 실전 답안 작성 가이드

B22

예비전원 설비계획 [축전지설비]

- **축전지설비의 종류, 용량산정, 특성 및 적용 시 고려사항**

  - 예제 축전지설비 계획 시 고려사항에 대하여 설명하시오.
  - 예제 축전기의 용량산정 시 고려사항에 대하여 설명하시오.
  - 예제 축전지설비의 이상현상(메모리효과, 자기방전, 설페이션 현상)에 대하여 설명하시오.
  - 예제 UPS의 종류 및 특징에 대하여 설명하시오.
  - 예제 UPS용 축전지 용량산정 방법에 대하여 설명하시오.
  - 예제 UPS의 운전방식에 대하여 설명하시오.

- **Point**

  - 01 예비전원설비
  - 02 종류 및 특징
  - 03 축전지설비 선정
  - 04 UPS 설비

Level B01~50

B22 예비전원 설비계획 [축전지설비]

문제 UPS 종류, 용량산정 및 운전방식에 대하여 설명하시오.

답안

1. 개요
   1) 신뢰성 요구부하(정전, 전압변동 불허) 설비는 비상시 운전 가능한 예비전원 설비 필요
   2) 일반적 예비(보유) 전원설비는 비상발전기, 축전지 및 UPS 설비

2. UPS 설비 적용 시 고려사항

   가. 설계 시 고려사항
   1) 부하 특성 :
   2) 출력 특성 :
   3) 설치 장소 :

   나. UPS 종류 및 선정 시 검토 사항
   1) 종류 검토 : 정지형(급전/변환/운전 방식), 회전형(Dynamic, Fly-wheel)
   2) 선정 시 검토사항 :

   다. UPS 용량 산정 시 고려사항
   1) 구성도
   2) UPS 용량(공급능력)
   3) Battery 용량
   4) Rectifier 용량

   라. UPS 운전방식 선정 시 고려사항

3. UPS 보호방식 선정 시 고려사항
   1) 단락, 지락 보호용 차단기 선정(MCCB, Fuse, ELB, 반도체 S/W)
   2) 고조파 보호 검토(등가 역상전류, 능/수동 필터)
   3) 발전기 투입 시 과부하 검토(자동절체시, UPS 충전 전류)

4. 결론

- **예비전원 설비계획 [축전지설비] 기출문제**

  - 112회 3-2 (축전지 용량산정)
  - 109회 1-9 (축전지 메모리효과)
  - 107회 1-2 (축전지용량 계산)
  - 107회 1-8 (UPS 2차측 단락보호)
  - 105회 3-6 (UPS용 축전지 용량산정)
  - 104회 1-9 (축전지 이상현상, 자기방전, 설페이션)
  - 102회 1-2 (UPS 2차측 단락보호)
  - 101회 2-5 (축전지용량 산출 시 고려사항)
  - 101회 3-5 (UPS OFF Line 방식)
  - 100회 1-2 (UPS 축전지 용량 계산)
  - 99회 1-13 (태양광 발전용 축전지용량 계산)
  - 99회 3-4 (UPS용 발전기설비 용량선정)
  - 98회 1-2 (축전지 자기방전 현상)
  - 98회 1-10 (정류기용 변압기 용량)
  - 93회 2-3 (축전지, 충전기 용량산정 흐름도)
  - 91회 3-6 (UPS 용량산정)

MEMO

Level B 실전 답안 작성 가이드

B23

건축물의 수변전설비 공간계획 ②

- **전기관련실 계획 시 고려사항(위치선정, 공간계획 및 연계성)**

    - 예제 발전기실 설계 시 고려사항에 대하여 설명하시오.
    - 예제 축전지실의 위치선정 시 고려사항에 대하여 설명하시오.
    - 예제 건축물에 전기를 배전하려는 경우 전기설비 설치공간 기준을 "건축물 설비기준 등에 관한 규칙"과 관련하여 설명하시오.
    - 예제 중앙감시실 설치 계획 시 건축, 환경 및 전기적 고려사항에 대하여 설명하시오.

- **Point**

    01 변전실 계획
    02 발전기실 계획
    03 축전지실 계획
    04 EPS, TPS 계획
    05 중앙감시실 계획
    06 방재센터 계획

B23 건축물의 수변전설비 공간계획 ②

문제 EPS, TPS 계획 설계 및 시공 시 고려사항을 설명하시오.

답안

1. 개요
   1) 전기 샤프트(ES ; Electric Shaft)는 전력용(EPS)와 통신용(TPS)로 구분
   2) 내부 설치 기기, 수직·수평 Cable 포설 공간, 증설, 유지보수 공간
   3) 적정 위치 확보, 관통부 연소방지 대책

2. 전기 샤프트(ES) 고려사항(일반)
   가. 건축적 고려사항
   1) EPS 와 TPS 용도별 구분 설치(단, 배선량이 적은 경우 공용)
   2) 각층마다 같은 위치에 설치
   3) 연면적 3,000[m^2] 이하 시, 1개층 기준 800[m^2] 마다 설치
   4) 기기 배치, 유지보수 공간확보 및 건축마감 시행
   5) 기기 반출입 고려, 출입문 폭 0.9[m] 이상

   나. 환경적 고려사항
   1) 층 침수 대비
   2) 각층 바닥과 출입문 하단과 턱을 두어 물 유입 방지
   3) 온도, 습도 및 환기 대책

   다. 전기적 고려사항
   1) 사용 부하 중심부에 설치(Panel 공급 반경 20~30[m] 이내)
   2) 배선거리, 전압강하, 설치장비 크기 및 수량 고려
   3) 배선 부설 원활, 건축구조의 부담이 적도록(Opening 검토)
   4) 장래 부하, 배선 증가에 대한 여유성
   5) EMC 고려, 정보화 건축물 TPS 별도 설치

3. EPS 면적 검토
   가. 내부 설치 기기, Cable 포설공간, 증설, 유지보수 공간 검토
   나. 면적 산정
   1) 기기 배치에 의한 면적 산정 【그림】
   2) 연면적 대비 ES 면적 추정 검토

4. TPS 면적 검토

    가. 초고속 정보통신 업무용 건축물의 경우 【표】

    나. 공동주택 정보통신 등급 인정 시 면적 【표】

5. ES 시공 시 고려사항

    1) EPS 와 TPS 공유 시 격벽 또는 0.3[m] 이상 이격

    2) 바닥, 벽등에 중량물 설치 시 충분한 보강, 구조 검토

    3) ES 실내에 Gas, 수도, 배수관 설치 금지

    4) 수직 간선설비의 지지금구 설치 방법 및 구조

    5) 관통부 연소방지 조치

Level B01~50

실전 답안 작성 가이드 목차정리

- **건축물의 수변전설비 공간계획 ② 기출문제**

  - 111회 1-3 (축전지실 위치)
  - 110회 4-5 (발전기실 위치, 면적, 기초, 높이, 소음, 진동)
  - 109회 3-3 (변전실 구조)
  - 108회 1-8 (배전을 위한 전기설비 공간)
  - 107회 4-1 (공동구 전기설비 기준)
  - 105회 2-4 (수변전설비 환경영향, 대안)
  - 105회 4-5 (내진설계대상)
  - 104회 1-13 (염해장소)
  - 103회 1-10 (중앙감시실 건축, 환경, 전기적 고려사항)
  - 98회 2-2 (EPS 설계 시 고려사항)
  - 98회 3-3 (전기설비 내진설계)
  - 95회 1-12 (변전실 침수대책)
  - 91회 4-2 (변전실 위치, 배치, 면적)
  - 90회 4-3 (수변전설비 내진대책)

Level B 실전 답안 작성 가이드

B24

건축물의 전력공급계획 [간선 및 배선]

- **전력간선 설계 시 간선, 허용전류 및 설계순서**

  - 예제) 선로정수를 구성하는 요소를 들고 설명하시오.
  - 예제) 전력간선 설계 시 고려해야 할 사항에 대하여 설명하시오.
  - 예제) 초고층 빌딩의 수직 간선설비 설계 시 주요 검토 항목을 설명하시오.
  - 예제) 전선 허용전류의 종류별 적용에 대하여 설명하시오.

- **Point**

  01 전선로 선로정수
  02 전력간선 계획
  03 배전 및 배선 계획
  04 허용전류

B24 건축물의 전력공급계획 [간선 및 배선]

문제 전력간선 설계 시 고려사항에 대하여 설명하시오.

답안

1. 개요
    1) 전력간선이란?
    2) 설계기준 & IEC 60364-5-52절
    3) 건축물에 적용 시 고려조건

2. 전력간선 설계

    가. 간선 및 배선설비 설계순서

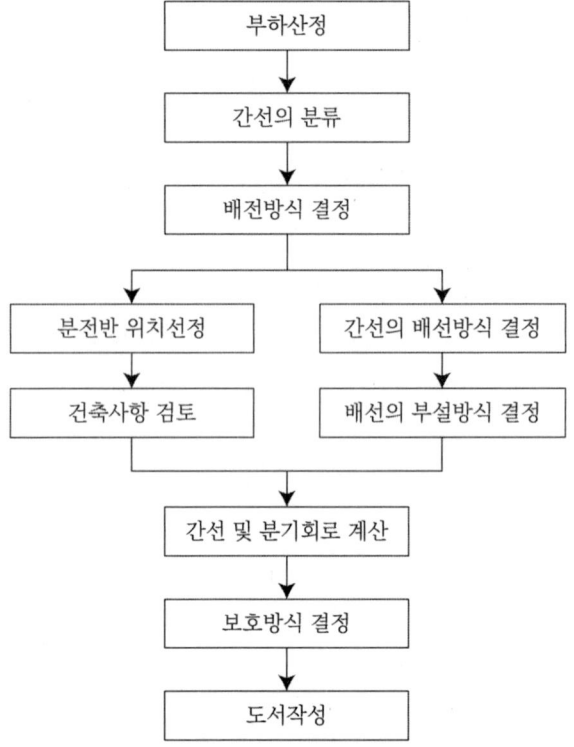

    나. 환경조건

    다. 부하설비 및 간선의 분류
    1) 부하설비 파악
    2) 간선의 분류(용도별)

라. 간선의 결정
　　　　1) 배전방식 : 전기성질, 전압, 상수 검토
　　　　2) 배선방식 : 개별, 나뭇가지, 병용(1개통, 2개통)
　　　　3) 부설방식 : 전선관, 케이블 트레이, 버스덕트
　　마. 간선용량 계산
　　　　1) 선정시 고려사항
　　　　　　① 중요 요소 : 허용전류, 전압강하, 기계적강도, 연결점허용온도, 열방사조건
　　　　　　② 고려 요소 : 여유율, 수용률, 비선형 부하
　　　　2) 연속 허용전류
　　　　3) 단시간 허용전류
　　바. 보호방식

3. 결론

Level B01~50

실전 답안 작성 가이드 목차정리

- **건축물의 전력공급계획 [간선 및 배선] 기출문제**

    - 109회 2-6 (저압간선 케이블의 규격 선정)
    - 107회 1-11 (선로정수 구성 요소)
    - 107회 4-5 (간선 흐름도)
    - 104회 2-1 (초고층 수직 간선설비 고려사항)
    - 103회 1-9 (중성선 최소 굵기 산정 식)
    - 102회 1-9 (허용전류 종류)
    - 102회 3-1 (교류도체 실효저항)
    - 101회 2-3 (전력간선 분류, 설계순서, 고려사항)
    - 99회 1-3 (간선결정 주요, 고려 요소)
    - 95회 2-6 (분기회로의 용량산정방식)
    - 95회 1-11 (중성선 기능, 단면적 산정)
    - 92회 2-1 (간선 방식, 도체 종류, 부설방식, 굵기 결정 요소)
    - 90회 4-4 (초고층 간선 시공)

건축물의 전력공급계획 [전압강하]

Level B 실전 답안 작성 가이드 B25

- **전력간선 효율적 전력공급 방안**

    예제) 선로의 전압강하에 영향을 미치는 요인에 대하여 설명하시오.
    예제) 전력간선의 전압강하 간이계산식과 정식계산식의 차이점을 설명하시오.
    예제) 수용가 설비에서 인입구와 부하점 사이의 전압강하 허용기준에 대하여 설명하시오.

- **Point**

    01 허용전류
    02 정식 전압강하
    03 간이 전압강하

B25 건축물의 전력공급계획 [전압강하]

문제 인입구와 부하점 간 전압강하 허용기준에 대하여 설명하시오.

답안

1. 개요
1) 전력간선에 도체에 전류가 흐르면 도체의 임피던스 등으로 인해 송전단전압과 수전단간에 전압강하가 발생
2) 전력간선 설계 시 적정 허용전압강하 기준을 적용 전력손실 최소화
3) 전력사용 시설물의 전압강하, 전압변동률을 검토

2. 관련 규정 검토
1) 전기설비기술기준 및 KEC
2) 건축전기설비설계기준
3) IEC 60364-5-52 전기기기의 선정 및 시공 (배선설비)
4) 내선규정

3. 전력간선의 전압강하

가. 전력 계통도 전압강하
  1) 벡터도
  2) 전압강하 계산식 (정식)

나. 간이 전압강하 계산 조건
  1) 고유저항
  2) 도전율
  3) 간이계산식과 정식계산식의 비교

다. 전압강하의 허용기준 (IEC 60364-5-52)
  1) 설비의 공칭전압에 대한 기준 【표】
  2) 추가조건
  3) 전압강하 적용대상 제외

- **건축물의 전력공급계획 [전압강하] 기출문제**

    - 112회 1-13 (전압강하율, 전압변동률)
    - 106회 1-4 (전력케이블 손실)
    - 106회 1-8 (전압강하 벡터도)
    - 102회 3-6 (전압강하율 계산)
    - 100회 1-6 (전압강하 허용기준)
    - 99회 2-2 (선로 인입단 전압계산)
    - 97회 1-7 (간이, 정식계산식 차이점)
    - 93회 1-13 (3상4선식 전압강하 단면적 유도)
    - 92회 1-2 (선로전류 불평형 시 전력손실)
    - 91회 2-6 (구간별 전압계산)

MEMO

Level B 실전 답안 작성 가이드

B26

건축물의 전력공급계획 [케이블 트레이]

- **전력간선 부설 방법 (케이블 트레이, 덕트, 전선관 및 분전반)**

    예제) 케이블 트레이 시공 방법에 대하여 설명하시오.
    예제) 플로어 덕트 시설 방법에 대하여 설명하시오.
    예제) 버스덕트 시공 방법에 대하여 설명하시오.
    예제) 합성수지관, 금속관, 가요전선관 공사의 특징을 비교 설명하시오.
    예제) 지중전선로의 종류별 시설방법에 대하여 설명하시오.
    예제) 건축전기설비의 분전반 설계 시 고려사항에 대하여 설명하시오.

- **Point**

    01 전력 케이블
    02 케이블 트레이
    03 버스덕트
    04 전선관

B26 건축물의 전력공급계획 [케이블 트레이]

문제 케이블 트레이 설계 및 시공 시 고려사항에 대하여 설명하시오.

답안

1. 개요
   1) 케이블 트레이 크기는 한국전기설비규정에 준하여 산정
   2) 기준은 트레이 형태와 포설된 케이블의 코어수에 따라 그 산정방법이 상이함

2. 관련 규정
   1) 전기설비 기술기준 및 한국전기설비규정
   2) 금속덕트 배선
   3) 케이블 트레이 배선

3. 케이블 트레이 공사
   가. 케이블 트레이 공사
      1) 케이블을 지지하기 위하여 사용되는 금속제 또는 불연성 재료로 제작된 유닛 또는 유닛의 집합체
      2) 그에 부속하는 부속재 등으로 구성된 구조물
   나. 케이블 트레이 형태 【그림】
      1) 사다리형   2) 펀치형
      3) 통풍 채널형   3) 바닥 밀폐형
   다. 설계 시 고려사항 (시공 및 유지보수 검토사항)
      1) 포설 케이블
      2) 케이블 코어 수 : 고압, 저압, 통신(제어/신호)
      3) 케이블 트레이 용도(전압별)
      4) 설계 및 유지보수 고려
         : 시공성, 굴곡반경, 허용전류, 배전배선에 유리한 조건으로 적용

4. 케이블 트레이 크기 산정
   가. 고압 및 특고압 케이블 트레이
      1) 단심케이블 기준, 일단/삼각 포설, 3상(3선식/4선식)
      2) 수직 수평 설치 시 케이블 클리트 설치, space 확보
   나. 저압 케이블 트레이
      1) 단심+다심, 일단/삼각 포설, 3상(3선식/4선식)
      2) 전력산업기술기준
   다. 통신 케이블 트레이

5. 케이블 트레이 시공시 고려사항

1) 케이블 트레이 안전율 1.5 이상
2) 지지대는 트레이 자체하중, 포설된 케이블 하중에 충분한 강도
3) 전선의 피복 등을 손상시킬 돌기 등이 없이 매끈할 것
4)
5)
6)
7)
8)

6. 결론

Level B01~50

실전 답안 작성 가이드 목차정리

- **건축물의 전력공급계획 [케이블 트레이] 기출문제**

  - 113회 2-1 (합성수지관, 금속관, 가요전선관 특징)
  - 109회 1-5 (지중전선로 종류별 시설방법)
  - 107회 2-5 (플로어 덕트 시설방법)
  - 106회 2-3 (버스덕트 구성, 설계, 공사)
  - 105회 3-3 (동상 다조케이블 포설)
  - 104회 4-2 (이중바닥내의 케이블 배선방법)
  - 98회 4-6 (케이블 트레이 계산)
  - 97회 1-9 (전열장치 시설)
  - 90회 1-12 (케이블 트레이 시공방식)

Level B 실전 답안 작성 가이드

B27

건축물의 부하설비계획 [조명설비①]

- **조명설비 용어, 이론, 목적 및 조명방식 검토**

    예제) 조명 용어에 대하여 설명하시오.
      1) 방사속   2) 광속   3) 광도   4) 조도

    예제) 조명기구 배광 및 배치에 따른 조명방식에 대하여 설명하시오.

    예제) 각종 조명용 광원의 종류 및 특성에 대하여 설명하시오.

- **Point**

    01 조명 원론
    02 조명 광원
    03 배광 및 배치 방법
    04 조명 기구

B27 건축물의 부하설비계획 [조명설비①]

문제 조명 설계 시 적용되는 용어에 대하여 설명하시오.

답안

1. 개요
   1) 조명 설계란 빛을 생활 환경에 적용하기 위한 부하설비 설계
   2) 일반적으로 건축물내, 실내 전반조명(명시적)을 기준으로 설계
   3) 토목(도로, 터널), 특수조명(경기장, 박물관, 지하철역사 등)의 전반 + 국부 조명 설계

2. 조명 설계 시 용어(광속법 기준, FUN=EAD)

   가. 조명 용어(일반 조도계산서 예)
   1) 실명 : 건축물 인허가 시 실의 용도별, 구획명
   2) 요구조도(조도) : 실내 필요 조도 값
   3) 실지수
   4) 반사율
   5) 조명률(U)
   6) 보수율(M)

   나. 조명기구 및 광원
   1) 조명기구 :
   2) 광원 :
   3) 광속(F) :
   4) 광원색(분광분포, 색온도, 색도, 연색성, 휘도)

   다. 계산조도
   1) 3배광법 :
   2) 균제도 :

3. 기타 조명 원론
   1) 광량 :
   2) 광도 :
   3) 조도 법칙(역자승, 입사각 여현, 법선/수평면/수직면 조도)
   4) 휘도 :
   5) 광속 발산도 :

- **건축물의 부하설비계획 [조명설비①] 기출문제**

    - 112회 4-1 (눈부심)
    - 111회 1-1 (조명용어)
    - 111회 4-2 (자연채광, 인공조명)
    - 109회 1-10 (연색성)
    - 109회 3-1 (광원 및 배광방식)
    - 109회 4-2 (건축화 조명방식)
    - 108회 1-12 (휘도, 광속발산도)
    - 105회 1-2 (눈부심 평가방법, 시력장애 현상)
    - 104회 1-8 (입사각 여현법칙)
    - 103회 2-6 (조명설비설계 시 광원의 평가)
    - 101회 1-9 (순응과 퍼킨제 효과)
    - 99회 1-1 (균제도, 광속발산도, 휘도)
    - 97회 1-3 (시각순응)
    - 97회 1-4 (눈부심 손실)
    - 95회 1-5 (광원의 시감도)
    - 94회 1-9 (연색성 평가지수)
    - 92회 3-3 (색온도 결정방법과 조도)
    - 91회 1-11 (조명의 질, 작업능률)
    - 91회 1-12 (눈부심 방지대책)

MEMO

Level B 실전 답안 작성 가이드

B28

건축물의 부하설비계획 [조명설비②]

- **전반 및 국부 조명설계(조도계산) 방법 검토**

    예제) 조명설비 설계순서(흐름도)에 대하여 설명하시오.

    예제) 조도계산 방법에 대하여 설명하시오.
    1) 전반/국부 조명설계
    2) 옥내 : 사무실, 학교, 역사, 백화점, 박물관
    3) 옥외 : 가로등, 터널, 수중조명, 경기장

    예제) 조도기준 및 조명기구 선정 방식에 대하여 설명하시오.

    예제) 조명제어의 구성 및 기능에 대하여 설명하시오.

- **Point**

    01 조명 설계
    02 조도 계산
    03 조명 제어

Level B01~50 실전 답안 작성 가이드 목차정리

B28 건축물의 부하설비계획 [조명설비②]

문제 전반조명 설계에 대하여 설명하시오.

답안

1. 개요
   1) 전반조명 설계란 조명의 필요한 공간을 광속법을 이용 적정 조도로 균일한 조명
   2) 경제성, 효율성, 장래성을 함께 고려하며, 설계순서는 [건축전기설비설계기준]을 준용

2. 전반조명 설계

   가. 설계 진행 순서【Flow chart】

   나. 건축도서 검토
   1) 물리적 특성, 기능, 목적, 용도 및 건축 개요 검토
   2) 조명률 선정 Factor 검토 : 실내재료마감표, 반사율, 실지수
   3) 자연채광 고려(분기회로 구성, 창측, 복도등 별도 회로)
   4) 적용사례【참고】

   다. 조도기준
   1) KSA 3011 조도기준 및 설계기준, 발주처 요구사항
   2) 시대적 분위기 반영하며 조도기준(에너지 절약과 직접적 영향)
   3) 적용사례【참고】

   라. 조명기구 선정
   1) 광원 : 광색, 색온도, 광질, 광속, 효율, 수명, 연색성, 휘도, 플리커, 동정특성,
      시동 및 재시동 시간
   2) 조명기구 : 형식, 성능, 구조, 형태(디자인), K 마크, e 마크, KS 제품
      전기용품 안전인증, 조달우수 등

   마. 조명기구 수량계산
   1) 3 배광법 : FUN = EAD
   2) 필요 등기구 수량(N)

   바. 조명기구 배치(조명방식)
   1) 설치광원, 조명기구 설치 고려
   2) 조명기구 배광 : 직접, 반간접, 전반확산, 반간접, 간접조명
   3) 건축화 조명 : 광천장, 루버, 코브, 코오니스, 밸런스, 광창 등
   4) 조명기구 배치 : 전반, 국부, 병용, 균등배치 및 TAL

사. 조도계산 확인
　　1) 기본 배치안으로 시뮬레이션을 통한 평균조도, 최대/최소 조도, 균제도, 휘도 검토
　　2) 이에 따른 부분 배치, 변경, 추가조명 계획 검토
　　3) 적용사례 【참고】

3. 결론

Level B01~50   실전 답안 작성 가이드 목차정리

- **건축물의 부하설비계획 [조명설비②] 기출문제**

  - 113회 1-6 (도로조명 휘도기준)
  - 113회 3-6 (점멸장치, 타임스위치)
  - 113회 4-2 (대형병원 조명설계)
  - 112회 2-5 (빛공해)
  - 111회 1-8 (수중조명 절연변압기)
  - 111회 2-1 (전반조명 설계순서)
  - 110회 2-5 (대형교량의 야간경관 조명설계)
  - 109회 1-1 (터널 조명기준 조명방식)
  - 109회 3-1 (가로등, 보안등 광원, 배광방식)
  - 109회 4-2 (건축화 조명방식)
  - 108회 1-12 (초고층 빌딩 조명시스템 필요조건)
  - 107회 4-6 (터널조영 기본부, 출구부)
  - 106회 2-6 (주택 일괄소등 스위치)
  - 106회 3-1 (백화점 조명계획)
  - 104회 3-1 (전시조명 조건, 광원, 조명기구)
  - 104회 4-6 (루버천장 평균조도계산방법)
  - 103회 1-4 (터널조명 플리커 원인, 대책)
  - 103회 1-11 (감광보상률, 광손실률)
  - 103회 2-6 (조명설비설계 시 광원의 평가)
  - 103회 4-1 (빛 공해방지법)
  - 101회 2-2 (터널 구간별 노면휘도 선정방법)
  - 100회 4-3 (경관조명 요건)
  - 99회 1-4 (공연장 조명설비, 특수성)
  - 98회 3-2 (경기장 야간조명, TV중계)
  - 97회 1-10 (자연채광 시스템)
  - 96회 1-2 (병원 조명계획)
  - 96회 4-1 (수중조명등 시설기준)
  - 95회 1-13 (조명설계 절차 흐름도)
  - 95회 3-4 (수중조명 시설)
  - 94회 4-6 (터널조명의 기준)
  - 92회 2-4 (학교조명 설계)
  - 91회 4-6 (가로등, 보안등의 세라믹메탈램프)
  - 90회 1-8 (도심하천 경관조명)
  - 90회 2-1 (옥내 조명설계 시 고려사항)

Level B 실전 답안 작성 가이드

B29

건축물의 부하설비계획 [동력설비①]

- **동력설비의 종류, 형식, 출력 및 특성 검토**

  - 예제) 동력설비를 분류하고 부하용량 산정 시 고려사항을 설명하시오.
  - 예제) 직류전동기의 종류 및 특성에 대하여 설명하시오.
  - 예제) 유도전동기의 종류 및 특성에 대하여 설명하시오.
  - 예제) 전동기의 기동방식에 대하여 설명하시오.

- **Point**

  - 01 동력설비
  - 02 직류 전동기
  - 03 교류 전동기
  - 04 전동기 기동방식

B29 건축물의 부하설비계획 [동력설비①]

문제 직류 전동기 종류 및 특성에 대하여 설명하시오.

답안

1. 개요
    1) Brush에 DC 전압 인가 시 도체에 전류가 흘러 도체와 자속 사이에 플레밍의 왼손 법칙에 의한 전자력 발생 회전
    2) 전동기가 회전하면 자속을 쇄교 플레밍의 오른손 법칙에 의해 기전력 형성 【그림】

2. 직류전동기의 종류 및 특성
    가. 직류전동기 분류
        1) 타여자 전동기
        2) 자여자 전동기 : 직권, 분권, 복권(가동/차동)
    나. 직류전동기 특성(회로도, 특징 및 용도)
        1) 타여자 전동기
        2) 자여자 전동기 : 직권, 분권, 복권(가동/차동)
    다. 직류전동기 속도-토크 특성
        1) 속도제어
        2) 특성곡선 : 속도-특성곡선, 토크-특성곡선
    라. 직류전동기 특징
        1) 속도 제어가 용이, 제어시 효율 우수, 기동 토크가 큼
        2) 속도, 가속토크를 임의로 선택 가능
        3) 장단점 검토

3. 결론

· **건축물의 부하설비계획 [동력설비①] 기출문제**

> · 110회 1-5 (기동방식 선정)
> · 110회 1-7 (BLDC모터 특징)
> · 106회 4-6 (동기전동기 특징)
> · 101회 4-3 (전동기 무부하전류)
> · 100회 4-6 (동력설비 분류, 부하산정)
> · 99회 1-6 (직류전동기 속도제어)
> · 99회 2-5 (직류직권전동기 회전속도 계산)

MEMO

Level B 실전 답안 작성 가이드

B30

건축물의 부하설비계획 [동력설비②]

- **유도전동기의 속도제어(기동, 정지 및 속도) 방법 검토**

  예제) 단상 유도전동기의 기동 방법에 대하여 설명하시오.

  예제) 3상 유도전동기에 대하여 설명하시오.
  1) 기동 방법   2) 속도제어 방법   3) 제동 방법

  예제) 유도전동기의 보호방식에 대하여 설명하시오.

- **Point**

  01 유도전동기
  02 기동 방법
  03 속도제어 방법
  04 제동 방법
  05 보호 방법

Level B01~50

실전 답안 작성 가이드 목차정리

B30 건축물의 부하설비계획 [동력설비②]

문제 유도전동기 속도제어 방식에 대하여 설명하시오.

답안   1. 개요
　　　1) 속도제어란 속도-토크 특성을 효율적으로 변화시켜 운전점을 변경
　　　2) 속도제어법에는 제어파라 미터의 크기만을 제어하는 스칼라법, 크기와 위상을 제어하는 벡터제어법

2. 유도전동기 속도제어
　　가. 속도-토크 특성
　　　1) 토크 공식
　　　2) 제어 파라미터 : P(극수), V(전압), f(주파수), r(저항)
　　나. 스칼라 제어 방식
　　　【표】 (가변 파라미터)
　　다. 스칼라 제어 방식 특징
　　　[특성곡선, 특징]
　　　1) 전압제어 :
　　　2) 주파수 제어 :
　　　3) V/f 일정제어 :
　　　4) 2차 저항제어 :
　　라. 벡터 제어 방식
　　　1) 계자자속, 전기자속의 공간적인 위치와 크기 제어
　　　2) 벡터도 및 특성
　　마. 벡터 제어 방식 블록선도
　　　1) 블록선도
　　　2) 특성

3. 결론

- **건축물의 부하설비계획 [동력설비②] 기출문제**

    - 113회 1-13 (Y-△기동법)
    - 113회 2-4 (인버터 기동, 속도제어)
    - 110회 1-5 (기동방식 선정)
    - 109회 2-2 (단상 유도전동기 원리, 기동법)
    - 106회 1-12 (유도전동기 벡터 인버터 제어)
    - 100회 3-5 (인버터 속도제어, PWM)
    - 99회 1-6 (직류전동기 속도제어)
    - 99회 2-5 (직류직권전동기 회전속도 계산)
    - 94회 1-11 (유도전동기 일정속도, 제동방법)

MEMO

Level B 실전 답안 작성 가이드

B31

전력계통 고장 및 보호계전 정정계획 ①

- **단락전류와 단락고장의 개념 및 계산방법 검토**

    예제 %Z에 대하여 설명하고 전력계통에서의 연관 관계를 설명하시오.
    예제 수전설비에 사용되는 차단기의 종류, 용도, 선정 시 고려사항에 대하여 설명하시오.
    예제 고장전류 계산 방법의 종류를 들고 설명하시오.
    예제 수전용 변전설비의 단락전류(단락용량) 경감을 위한 실질적인 대책에 대하여 설명하시오.

- **Point**

    01 고장의 종류
    02 %Z의 개념
    03 차단기 선정
    04 단락용량 경감

Level B01~50

B31 전력계통 고장 및 보호계전 정정계획 ①

문제 고장전류 계산방법의 종류 및 계산방법에 대하여 설명하시오

답안

1. 개요
    1) 고장전류 해석은 사고 발생 시 설비 보호와 신속한 계통분리 목적
        ① 1차적 : 인명·재산의 보호
        ② 2차적 : 각 설비의 절연협조와 단락협조를 위해 계산
    2) 절연협조
        ① 접지계통 선정, 계통의 절연계급 선정(전위상승)
        ② 근접 통신선의 유도 검토(영상전류의 상호 인덕턴스)
    3) 단락협조
        ① 설비 열적 강도 해석(단시간 허용전류, 열적 과전류 강도)
        ② 기계적 강도 해석(전자기계력, 기계적 과전류 강도)
        ③ 보호계전기 정정, 차단기 차단용량(3상, 2상 단락)

2. 고장전류 계산 방법
    가. 고장의 종류 및 계산방법 종류
        1) 【표】
            : 절연협조, 단락협조 / 평형고장, 불평형 고장
        2) 계통해석에 있어 3상 단락이 그 크기가 가장 크고,
           해석상 기준이 되며 간단하고 적용이 편한 %Z 법이 가장 많이 적용
    나. 고장전류 계산 방법
        1) 대칭 좌표법
        2) 클라크 좌표법
        3) 임피던스법 : 옴법, %임피던스법, PU법
    다. 계산 Flow (임피던스법 기준)
        Skeleton 작성 → 고장점 선정 → 임피던스 선정 → 기준 Base 환산
        → 임피던스 Map → 임피던스 합성 → 단락전류 계산 → 차단기 선정

3. 단락전류 계산(예)

가. 전력계통(예)

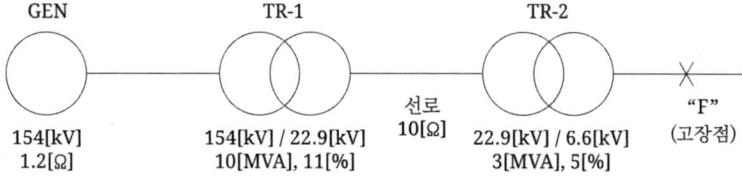

나. 환산기준

1) $\%Z' = \%Z \times \dfrac{P_{base}}{P} \times \left(\dfrac{V}{V_{base}}\right)^2 [\%]$

2) $\%Z = \dfrac{P_{[kVA]} Z_{[\Omega]}}{10 V_{[kV]}^2} [\%]$

다. Ohm법

설 비	변압비 (154/22.9/6.6[kV])	F점에서 [Ω]
GEN	$Z_G = 1.2 \times \left(\dfrac{6.6}{154}\right)^2 = 2.2 \times 10^{-3}$	0.0022
TR-1	$Z_{TR-1} = \dfrac{10 \times 22.9^2 \times 11}{10 \times 10^3} \times \left(\dfrac{6.6}{22.9}\right)^2 = 0.479$	0.479
선 로	$Z_{선로} = 10 \times \left(\dfrac{6.6}{22.9}\right)^2 = 0.83$	0.83
TR-2	$Z_{TR-2} = \dfrac{10 \times 6.6^2 \times 5}{3 \times 10^3} = 0.726$	0.726
Total	$Z_{Total} = 2.037 [\Omega]$, $I_s = \dfrac{6.6 \times 10^3}{\sqrt{3} \times 2.037} = 1.87 [kA]$	

라. %Z 법

설 비	기준용량 (3[MVA])	F점에서 [%]
GEN	$Z_G = \dfrac{3 \times 10^3 \times 1.2}{10 \times 154^2} = 0.0151$	0.0151
TR-1	$Z_{TR-1} = 11 \times \left(\dfrac{3 \times 10^3}{10 \times 10^3}\right)^2 = 3.3$	3.3
선 로	$Z_{선로} = \dfrac{3 \times 10^3 \times 10}{10 \times 22.9^2} = 5.72$	5.72
TR-2	$Z_{TR-2} = 5 \times \left(\dfrac{3 \times 10^3}{3 \times 10^3}\right) = 5$	5
Total	$\%Z_{Total} = 14.035 [\%]$, $I_s = \dfrac{100}{14.035} \times \dfrac{3 \times 10^3}{\sqrt{3} \times 6.6} = 1.87 [kA]$	

Level B01~50 실전 답안 작성 가이드 목차정리

- **전력계통 고장 및 보호계전 정정계획 ① 기출문제**

  - 113회 1-1 (대칭좌표법)
  - 113회 2-3 (단락전류 계산)
  - 112회 1-10 (단락고장 시 역률 저하)
  - 111회 3-4 (임피던스전압 정의, 특성)
  - 110회 2-6 (단락용량 계산)
  - 107회 3-3 (고장전류 계산)
  - 103회 2-1 (2상, 3상단락 고장전류)
  - 101회 4-1 (대칭좌표법 1선지락)
  - 99회 3-1 (pu법 시퀀스, 등가회로, 단락고장전류 계산)
  - 97회 1-2 (고장계산 목적)
  - 97회 2-6 (과도 리액턴스 단락 계산)
  - 97회 4-2 (pu, 임피던스법 계산)
  - 95회 4-1 (고장전류 계산)
  - 93회 1-11 (고장전류 계산)
  - 93회 2-6 (고장전류 계산, 차단기 선정)
  - 93회 3-6 (단락전류 계산)

Level B 실전 답안 작성 가이드

B32

전력계통 고장 및 보호계전 정정계획 ②

- **전력계통의 단락전류의 구분 적용**

    - 예제) 단락전류의 종류 및 억제 대책에 대하여 설명하시오.
    - 예제) 단락전류의 종류와 계산방법에 대하여 설명하시오.
    - 예제) 전력계통에서 2상 단락과 3상 단락 고장전류를 비교하여 설명하시오.
    - 예제) IEC 단락전류계산 방법에 대하여 설명하시오.

- **Point**

    01 단락전류의 종류
    02 대칭 및 비대칭

B32 전력계통 고장 및 보호계전 정정계획 ②

문제 대칭 단락전류와 비대칭 단락전류를 구분하여 설명하시오.

답안

1. 단락전류 계산 목적
   1) 차단기의 차단용량 결정
   2) 보호계전기 정정
   3) 전력기기나 선로의 열적, 기계적 강도 결정
   4) 통신선의 유도장해 검토
   5) 순시전압 강하 검토
   6) 계통구성 검토
   7) 유효 접지 조건 검토

2. 대칭 단락전류와 비대칭 단락전류
   가. 단락전류 구성 【그래프】
   나. 대칭 단락 전류(I_{sym}) :
   다. 비대칭 단락 전류(I_{Asym}) :

3. 고장 발생후 각 시점의 단락전류 적용
   가. ½[cycle] 시점
   1) 대칭 단락전류 교류성분 실효치($I_{sym\ rms\ 1/2}$) :
   2) 단상 최대 비대칭 단락전류 실효치($I_{1\phi Asym\ rms\ 1/2}$) :
   3) 3상 평균 비대칭 단락전류 실효치($I_{3\phi Asym\ rms\ 1/2}$) :
   4) 최대 비대칭 단락전류 순시치(I_p) :
   나. 3~8[cycle] 시점
   다. 30[cycle] 시점 (보호계전 한시탭)

- 전력계통 고장 및 보호계전 정정계획 ② 기출문제

  - 112회 2-2 (단락전류 종류, 계산방법)
  - 90회 2-3 (단락전류 종류, 대책)

MEMO

Level B 실전 답안 작성 가이드

B33

전력계통 고장 및 보호계전 정정계획 ③

- **단락전류의 종류, 계통의 영향 및 억제 대책 검토**

    - 예제 단락전류의 종류 및 억제 대책에 대하여 설명하시오.
    - 예제 수변전설비 단락전류를 정의하고, 단락용량 경감대책 5가지 이상을 기술하시오.
    - 예제 수전용 변전설비의 단락전류(단락용량) 경감을 위한 실제적인 대책에 대하여 설명하시오.
    - 예제 수변전설비 설계 시 단락전류가 증가할 경우 문제점과 억제 대책을 설명하시오.

- **Point**

    01 단락전류 종류
    02 단락용량 경감
    03 단락전류 억제

B33 전력계통 고장 및 보호계전 정정계획 ③

문제 전력계통의 단락전류 억제 대책에 대하여 설명하시오.

답안

1. 개요
    1) 단락전류란 전력계통의 단락 시 흐르는 사고전류로 차단기의 차단용량 부족 시 차단기 및 전력설비의 소손, 타 계통의 사고 파급
    2) 전기설비의 신뢰성, 안정성을 저하, 대책이 필요

2. 단락전류의 증가 원인
    가. 증가 원인
        1) 계통용량 증가, 송전선로 및 배전선로 연계(등가 임피던스 감소)
        2) 발전기의 대용량화 및 집중화
    나. 문제점
        1) 차단기 차단용량 부족, 회복전압 상승, 재점호, 사고 파급
        2) 직렬기기의 열적, 기계적, 강도 부족, 열화소손
        3) 지락전류 증가, 통신선 유도장해 발생

3. 단락전류 억제 대책
    가. 계통측 대책
        1) 고임피던스 기기 채택
        2) 한류 리액터(Limiting Current Reactor) 설치
            ① 한류 리액터 방식
            ② 분리 리액터 방식
        3) 고장전류 제한기(SCL ; Short Current Limiting Coupling)
        4) 계통 전압 격상
        5) 계통 분할
        6) HVDC 연계
    나. 배전측 대책
        1) 고압회로측 대책
        2) 저압측 대책

4. 결론

- **전력계통 고장 및 보호계전 정정계획 ③ 기출문제**

    - 105회 2-6 (한류리액터 설치, 단락전류 계산)
    - 100회 2-3 (MVA, KA계산)
    - 96회 4-6 (단락전류 계산, 차단기선정)
    - 94회 1-12 (단락사고 시 전동기 기여전류, 과도리액턴스)
    - 92회 1-7 (단락전류 저감대책)
    - 90회 2-3 (단락전류 종류, 대책)

MEMO

Level B 실전 답안 작성 가이드

B34

전력계통 고장 및 보호계전 정정계획 ④

- **단락전류 계산, 보호계전기 정정 검토**

    예제 특고압 수전설비의 보호방식, 정정, 보호협조에 대하여 설명하시오.
    예제 고압전동기의 OCR 한시탭 및 시간협조에 대하여 설명하시오.
    예제 저압전기설비의 과전압 보호대책에 대하여 설명하시오.
    예제 보호 협조곡선 및 보호계전기 정정 시 고려사항에 대하여 설명하시오.

- **Point**

    01 단락전류의 계산
    02 보호계전 시스템
    03 보호계전기 정정

B34 전력계통 고장 및 보호계전 정정계획 ④

문제 보호계전 시스템 및 계전기 정정에 대하여 설명하시오.

답안

1. 개요
   1) 보호계전 시스템은 전력계통 사고 시 설비 피해 경감 및 파급 방지 목적의 시스템
   2) 이상 부분의 운전 정지, 정상계통과 분리,
      이상운전을 정상으로 회복을 위한 조치를 강구

2. 보호계전 시스템
   가. 기능과 역할
      1) 계통 구성
      2) 설비 및 기능
   나. 보호계전 방식의 구성
      1) 주 보호계전 방식 :
      2) 후비 보호계전 방식 :
   다. 구비조건

3. 보호계전기 정정지침(한국전력)
   가. 과전류 계전기(단락보호)
      1) 한시요소   2) 순시요소
   나. 지락과전류 계전기(지락보호)
      1) 한시요소   2) 순시요소
   다. 과전압 계전기(과전압 방지)
   라. 저전압 계전기(저전압 또는 무전압 방지)
   바. 방향지락 계전기(지락보호)
   사. 지락과전압 계전기(지락보호)

- **전력계통 고장 및 보호계전 정정계획 ④ 기출문제**

  - 108회 1-3 (고압전동기 OCR 한시탭, 시간협조)
  - 108회 3-1 (OCR 정정계산)
  - 107회 1-10 (보호계전기의 기억작용)
  - 105회 1-13 (과전류계전기 Tap)
  - 104회 2-2 (보호 협조곡선)
  - 101회 1-1 (비율차동계전기)
  - 99회 2-1 (비율차동계전기 정정계산)
  - 94회 3-2 (보호계전기 정정 시 고려사항)
  - 90회 3-4 (비접지계 지락보호계통 구성)

MEMO

Level B 실전 답안 작성 가이드

B35

전력계통 방재대책계획 [피뢰설비①]

- **피뢰설비 관련 기준과 설계시공 시 검토 사항**

    (예제) 피뢰설비 관련규정에 대하여 설명하시오.
    (예제) KS C IEC 62305에 대하여 설명하시오.
    (예제) NFPA 780에 대하여 설명하시오.
    (예제) 전기설비 기술기준 제 6조 피뢰설비에 대하여 설명하시오.

- **Point**

    01 방재설비
    02 피뢰설비
    03 관련규정

Level B01~50

B35 전력계통 방재대책계획 [피뢰설비①]

문제 건축물의 설비기준 등에 관한 규칙 제20조의 피뢰설비에 관한 내용을 설명하시오.

답안

1. 개요

    1) 의무 규칙 : 규칙 제20조(피뢰설비)
        → 공작물 높이 20[m] 이상(건축물 공작물 설치높이 포함)
    2) 설계 표준 : KS C IEC 62305

2. 피뢰설비 관련 기준

    가. KS C IEC 62305 피뢰대책(종합적피뢰시스템)

    1) 피뢰시스템 3부(IEC 62305-3)
        : 외부피뢰시스템(수뢰부, 인하도선, 접지 시스템)
          내부피뢰시스템(등전위 본딩, 안전이격거리)
    2) 피뢰시스템 4부(IEC 62305-4)
        : 뇌서지 저감(LPZ, 자기차폐, 접지와 등전위본딩, 절연인터페이스)
          SPD 이용 뇌서지 저감(전원, 통신, 신호회로 부호)

    나. 규칙 제 20조

    1) 피뢰보호 등급 :
    2) 수뢰부 시스템 :
    3) 인하도선 시스템 :
    4) 접지 시스템 :

    다. 설계 적용 시 고려사항

3. 결론

- **전력계통 방재대책계획 [피뢰설비①] 기출문제**

    - 111회 1-13 (피뢰시스템 구성요소)
    - 107회 3-6 (구조물의 손실 유형)
    - 106회 3-3 (KS C IEC 62305)
    - 99회 3-6 (대형 굴뚝 피뢰설비)
    - 98회 4-5 (대형 굴뚝 피뢰설비)

MEMO

Level B 실전 답안 작성 가이드

B36

전력계통 방재대책계획 [피뢰설비②]

- **뇌방전 형태, 뇌격전류 파라미터 및 손상 검토**

  - 예제) 뇌방전 형태를 분류하고 뇌격전류 파라미터의 정의와 뇌전류의 구성요소를 설명하시오.
  - 예제) 뇌 이상전압이 전기설비에 미치는 영향에 대하여 설명하시오.
  - 예제) 진행파의 기본원리를 설명하고, 가공선과 케이블의 특성임피던스와 전파속도에 대하여 설명하시오.
  - 예제) KS C IEC 62305-1 피뢰시스템에서 규정하는 뇌격에 의한 구조물과 관련된 손상의 결과로 나타날 수 있는 손실의 유형을 설명하고 이를 줄이기 위한 보호(방호)대책에 대하여 설명하시오.

- **Point**

  - 01 뇌방전 특성
  - 02 충격파형
  - 03 v-t 특성 곡선
  - 04 열폭주 현상
  - 05 상용주파 허용 단자전압

Level B01~50 실전 답안 작성 가이드 목차정리

B36 전력계통 방재대책계획 [피뢰설비②]

문제 표준 충격파형 및 v-t 특성 곡선에 대하여 설명하시오.

답안

1. 개요
   1) 직격뢰에 의한 뇌전압 및 뇌전류의 표준 충격파형
   2) 피뢰기 v-t 특성곡선
   3) 피뢰기 열폭주 현상
   4) 피뢰기 상용주파 허용 단자전압 결정방법

2. 뇌전압 및 뇌전류 표준 충격파형

   가. 직격뢰
   1) 약 20[kV] 이상의 과전압, 수[kA]~300[kA] 이상의 과전류
   2) 급격히 증가하고 서서히 감소하는 전압, 전류 또는 전력 과도파형

   나. 뇌전압의 표준 충격파형
   1) 파형 :
   2) 파두장 × 파장 및 측정

   다. 뇌전류의 표준 충격파형
   1) 파형 :
   2) 파두장 × 파장 및 측정

3. 피뢰기 v-t 특성 곡선

   가. v-t 특성 곡선
   1) 정의 : 피뢰기를 방전시킨 경우의 방전개시 전압과 방전개시까지의 시간과의 관계
   2) 파형

   나. 파두준도[kV/μs]와 섬락과 관계
   1) 【표】
   2) 50[%] 충격 섬락전압

4. 피뢰기 열폭주 현상

   가. 열폭주 현상
   1) 산화아연(ZnO) 소자의 저항분 누설전류에 의해 발열
   2) 발열량(P) > 피뢰기 방열량(Q) 시 소자의 온도상승 과열 소손 현상

   나. ZnO 소자 발열 및 방열 특성
   1) 온도상승   2) 열폭주 기준 특성

   다. 열폭주 현상 대책

5. 피뢰기 정격전압

   가. 상용주파 허용 단자전압

      1) 계통에서 발생하는 교류 과전압으로 피뢰기가 방전을 개시 열폭주에 이르게 되지 않는 전압

      2) 피뢰기에 인가되는 일시적 과전압(TOV)이 동작책무 10초 때 등가전압(U_{eq})을 계산

   나. 등가 전압 (U_{eq})

      1) $U_{eq} = $

      2)

      3)

   다. 공칭(표준)

6. 결론

Level B01~50 실전 답안 작성 가이드 목차정리

- **전력계통 방재대책계획 [피뢰설비②] 기출문제**

  - 111회 1-4 (정격전압 및 공칭방전전류)
  - 110회 4-2 (진행파, 가공선과 케이블 특성임피던스, 전파속도)
  - 109회 1-11 (공칭방전류)
  - 106회 2-2 (뇌 이상전압의 영향)
  - 105회 1-5 (열 폭주 현상)
  - 102회 1-1 (충격비와 제한전압)
  - 100회 4-2 (뇌격전류 파라미터 정의, 구성요소)
  - 94회 1-6 (피뢰기 정격전압)
  - 91회 1-9 (피뢰기 정격전압)
  - 81회 1-9 (충격비와 제한전압)

Level B 실전 답안 작성 가이드

B37

전력계통 방재대책계획 [피뢰설비③]

- **피뢰설비 설계 시 고려사항 검토**
  - 예제) 고층건물이나 굴뚝의 뇌격차폐에 대하여 설명하시오.
  - 예제) KS C IEC 62305-3 외부 뇌보호 시스템에 대하여 설명하시오.
  - 예제) 뇌보호시스템에 수뢰부 시스템에 배치방법에 대하여 설명하시오.

- **Point**
  - 01 피뢰설비 설계
  - 02 수뢰부 시스템
  - 03 인하도선 시스템
  - 04 접지 시스템
  - 05 종합적 대책

Level B01~50

실전 답안 작성 가이드 목차정리

B37 전력계통 방재대책계획 [피뢰설비③]

문제 피뢰침 설치 시 고려하여야 할 사항에 대하여 설명하시오.

답안

1. 개요
   1) 피뢰침이란 뇌격으로 인한 피해를 방지할 목적으로 설치한 뇌격 포획용 금속체(Cu, Al)
   2) 일반적으로 구조물 외부에 설치되며 구조물과 접속 또는 분리된 형태

2. 관련규정
   가. 국내 적용 기준
      1) 건축물 설비 기준 등에 관한 규정 제20조
      2) 기술기준 제6조, 제18조, 제19조 등
   나. 국내외 적용 기준
      1) IEC 60364, IEC 623605
      2) NFPA 780

3. 뇌격으로 인한 피해
   가. 뇌격시 전기적, 전자적 결합작용
   나. 전기적, 전자적 결합으로 인한 화재, 폭발, 감전 및 내부시스템의 고장이나 오동작이 발생
   다. 피뢰침은 피뢰손상 S1 피해 대책

4. 적용 시 고려사항
   가. LPS 설계순서
   나. 외부 LPS 설계 시 고려사항
      1) 수뢰부 시스템
         ① 건축물 옥상의 모양, 구조, 보호범위
         ② 주변환경의 부식 영향유무에 따른 재료선정
         ③ 구성요소(돌침, 수평도체, 메쉬도체, 자연적구성부재)
         ④ 배치(보호각법, 회전구체법, 메쉬법)
         ⑤ 자연적 구성부재 적용(철근 콘크리트, 철골 구조체)
         ⑥ 폭발성 위험이 있는 구조물
         ⑦ 풍하중 고려
      2) 인하도선 시스템
      3) 접지 시스템
      4) 등전위 본딩
      5) 안전이격거리

5. 피뢰침(수뢰부) 설계 시 고려사항
   가. 배치 방법
      1) 【표】
      2) 설치 예
   나. 보호범위
      1) 보호각
      2) 회전구체 법(설치 예)
   다. 자연적 구성 부재 【표】
   라. 폭발성 위험 지역(방폭지역)

Level B01~50

- 전력계통 방재대책계획 [피뢰설비③] 기출문제

    - 111회 1-13 (피뢰시스템 구성요소)
    - 106회 3-3 (KS C IEC 62305 피뢰시스템)
    - 84회 2-1 (피뢰설비 규격 동향, 법령)
    - 83회 1-12 (초고층 건축물 피뢰설비)

Level B 실전 답안 작성 가이드

B38

전력계통 방재대책계획 [피뢰설비④]

- **피뢰설비 구성요소 설계 적용 시 고려사항 검토**

    - 예제 KS C IEC 62305의 인하도선 시스템에 대하여 설명하시오.
    - 예제 KS C IEC 62305의 접지 시스템에 대하여 설명하시오.
    - 예제 접지 시스템의 분류 및 접지극 형태에 대하여 설명하시오.

- **Point**

    01 접지방식 분류
    02 접지 시스템 구성
    03 고려사항

B38 전력계통 방재대책계획 [피뢰설비④]

문제 도심지 접지극 구성방법 및 시공방법에 대하여 설명하시오.

답안

1. 개요
   1) 도심지 대형빌딩은 건축물의 수직화, 철골조의 구조, 건축물내 정보시스템의 집약화 등의 특징
   2) 이러한 특징은 뇌격 빈도 증가, 각 system간 전위 간섭 정보시스템의 기준점 불안정, 절연파괴 및 감전의 위험성이 높다.

2. 관련규정
   1) 전기설비 기술기준 제6조, 제18조, 제19조, 제22조~제24조
   2) KS C IEC 61936-1, 60364-5-534, 62305-3/-4

3. 대형빌딩의 접지환경(문제점)
   가. 초고층화(층고 200[m] 이상 철골조 건축물)
      1) 뇌격(직격뢰, 측뢰) 빈도 증가
      2) 접지배선 길이 증가(Cost up, 시공 난해)
      3) 접지 상호간 간섭, 비의도적 구조물과 접속
   나. 정보시스템의 집약화
      1) 다양한 목적(보안, 기능, 피뢰 등)의 접지시스템 필요
      2) 부지 면적의 협소(전위 저항구역 중첩, 간섭)
      3) 시스템의 저전력화, 소형화
      4) 타 설비 시스템과 연계 및 접속 기준이 불명확함

4. 접지극의 구성방법
   가. 접지극 종류
      1) 인공적 접지극 : A형(봉, 판상, 선), B형(환상, 기초, 메쉬)
      2) 자연적 구성부재 접지극(구조체)
         : 금속재 지하 구조물(철근, 기초, 수도관 등)
      3) 【그림】접지저항, 피뢰등급 및 면적
   나. 접지극 구성방법 및 특징
      1) 구조체 접지(또는 기초접지) + 통합접지(또는 공통접지)
      2) 구성방법 비교 (개별, 공통, 통합)
         【비교표】
      3) 접지 방법 특징 (공통, 통합)

5. 접지시공 방법

　가. 접지시공 순서

　　　【Flow chart】

　나. 접지시공 요소

　　　1) 계절변동 계수

　　　2) 대지고유저항

　　　3) 금속제 수도관

　　　4) 심매설 접지 검토

6. 결론

Level B01~50

실전 답안 작성 가이드 목차정리

- **전력계통 방재대책계획 [피뢰설비④] 기출문제**

    - 112회 2-6 (KS C IEC 62305 자연적 접지극)
    - 111회 1-2 (접지극 접지저항 저감 방법)
    - 111회 1-13 (피뢰시스템 구성요소 용어, 피뢰침, 인하도선, 접지극, 서지보호장치)
    - 106회 1-3 (접지극 과도현상)
    - 102회 2-2 (기초접지극 최소부피산정)
    - 92회 1-13 (기초접지극, 자연접지극)
    - 87회 1-9 (접지극 서지 침입)
    - 83회 2-1 (접지극 과도현상)
    - 80회 1-12 (기초접지극, 자연접지극)

Level B 실전 답안 작성 가이드

B39

전력계통 방재대책계획 [피뢰설비⑤]

- **내부 뇌보호 시스템 설계 적용 시 고려사항 검토**

  예제 뇌전자 임펄스(LEMP) 보호대책 시스템(LPMS)과 설계에 대하여 설명하시오.

  예제 구조물내부 LEMP에 대한 기본보호대책의 주요내용을 설명하시오.

  예제 전기전사설비를 뇌서지 보호대책에 대하여 설명하시오.

  예제 태양광 발전설비를 보호하기 위한 피뢰설비 및 뇌서지 대책에 대하여 설명하시오.

- **Point**

  01 LEMP
  02 LPMS
  03 뇌서지 대책

B39 전력계통 방재대책계획 [피뢰설비⑤]

문제 KS C IEC 62305-4에 의한 내부 뇌보호 시스템에 대하여 설명하시오.

답안

1. 개요
   1) 일반적으로 건축물은 외부 피뢰시스템(LPS)를 설치 직격뢰로부터 건축물과 사람을 보호
   2) 건축물의 특성(통합접지, 다수 인입설비)상 전자기기는 건축물 내외에서 분류 유입되는 뇌전류로 절연파괴 및 오동작 발생

2. 관련규정
   1) 건축물 설비 기준 등에 관한 규칙 제20조(피뢰설비)
   2) 전기설비 기술기준 제6조(피뢰설비), 제18조(접지, SPD 설비)
   3) IEC 60364-4절/5절, 62305-3절/4절
   4) KECG 9102-2011(SPD), 9103-2011(등전위본딩)

3. 뇌서지 보호 대책
   가. 종합 대책 Flow chart
   나. 보호대책 방법
      1) LPZ 도면(계통도, 삽도)
      2) 적용 기준
   다. 적용 시 고려사항

4. 결론

- **전력계통 방재대책계획 [피뢰설비⑤] 기출문제**

  - 115회 3-4 (개폐서지와 뇌서지 비교)
  - 111회 1-13 (피뢰시스템 구성요소)
  - 108회 2-1 (전기전자설비 뇌서지 보호 대책)
  - 104회 1-10 (서지 보호기 에너지 협조)
  - 103회 3-4 (LEMP 기본대책)
  - 96회 2-3 (뇌전자 임펄스 보호대책)
  - 94회 1-13 (서지보호장치)
  - 91회 4-3 (태양광 발전시스템 서지보호장치)
  - 88회 4-1 (태양광 발전설비 뇌서지 대책)

MEMO

Level B 실전 답안 작성 가이드

B40

전력계통 방재대책계획
[피뢰설비⑥]

- **내부 뇌보호 시스템 설계 적용 시 고려사항 검토**

    (예제) SPD 선정을 위한 흐름도를 작성하고 설명하시오.
    (예제) 건축물에 설치하는 저압 SPD의 선정 및 설치 시 고려사항에 대하여 설명하시오.
    (예제) SPD의 설계 시 주요 검토사항에 대하여 설명하시오.
    (예제) 저압 배전계통에서 SPD의 접속형식과 보호모드에 대하여 설명하시오.

- **Point**

    01 뇌서지 대책
    02 SPD 선정
    03 SPD 설치
    04 고려사항

B40 전력계통 방재대책계획 [피뢰설비⑥]

문제 서지 보호기(SPD)의 보호 협조에 대하여 설명하시오.

답안

1. 개요
   1) 국내 대부분의 지역은 연간 뇌우일수가 25일을 초과
   2) 대기방전 현상에 대한 과전압으로부터 건축물내 전기전자 시스템을 보호하기 위해 SPD 설치가 필요

2. 관련규정
   1) KS C IEC 61643-1, -12 저압서지 보호장치
   2) KS C IEC 60364-4-443 전압전자파 장해
   3) KS C IEC 60364-5-534 절연설비 스위칭
   4) KECG 9102-2011 저압 전기설비의 SPD설치에 관한 기술지침

3. 서지 보호 장치(SPD ; Surge Protector Device)
   가. SPD 기능
      1) 선로 침입 과도과전압(전류)를 분류 제한하여 보호 대상 기기의 절연파괴 방지
      2) Surge가 없는 정상 상태 :
      3) Surge 침입 시 :
      4) Surge 소멸 시 :

   나. SPD 요건
      1) 정상 상태 :
      2) 최대 제한 전압 :
      3) 예상되는 최대 서지 전압에 견디며, 고속응답 특성
      4) 소형, 경량, 유지보수 간단, 전체적으로 경제성
      5) 회로 분리기 설치 가능, 연속성, 지속성, 환경성 우수
      6) 누설 전류가 적고, 장수명

   다. SPD 분류(종류)
      1) 용도 분류 : 전력용, 통신용
      2) 구조 분류 : 1포트, 2포트
      3) 동작 분류 : 전압 스위칭형, 전압 제한형, 조합형
         【그래프】
      4) 등급시험 분류【표】

라. SPD 선정
　　　【계통도】
　　마. SPD 접속 형식(ELB or RCD 위치)
　　　【접속도】

4 결론

Level B01~50

실전 답안 작성 가이드 목차정리

- **전력계통 방재대책계획 [피뢰설비⑥] 기출문제**

    - 113회 4-6 (저압 배전계통 SPD 보호모드)
    - 110회 1-10 (저압 전기설비 SPD)
    - 104회 1-10 (서지보호기 에너지 협조)
    - 99회 4-3 (과전압 보호 대책 SPD)
    - 97회 4-1 (SPD 설계 시 검토사항)
    - 95회 4-5 (SPD 선정 공정도)
    - 94회 1-13 (KS C IEC 61312-1 SPD)
    - 93회 2-1 (건축물에 설치하는 저압 SPD)
    - 91회 4-3 (PV 서지 보호장치)
    - 88회 1-1 (건축물에 설치하는 저압 SPD)

Level B 실전 답안 작성 가이드

B41

전력계통 방재대책계획 [접지설비①]

- **접지설비의 개념, 관련기준 및 설계 시 고려사항 검토**

    - 예제) IEC 분류 접지방식의 특징과 감전방지 대책을 설명하시오.
    - 예제) 중성점 직접접지식 전로와 비접지식 전로의 지락보호를 비교하여 설명하시오.
    - 예제) 전기설비기술기준의 판단기준 제289조(저압 옥내 직류전기설비의 접지)의 시설기준에 대하여 설명하시오. (판단기준은 2021. 1. 한국전기설비규정으로 변경)
    - 예제) 접지전극의 설계에서 설계 목적에 맞는 효과적인 접지를 위한 단계별 고려사항을 설명하시오.

- **Point**

    01 접지 관련기준
    02 중성점 접지방식
    03 접지방식과 감전 보호대책

B41 전력계통 방재대책계획 [접지설비①]

문제 전력계통 중성점 접지방식 및 접지계수에 대하여 설명하시오.

답안

1. 개요
    1) 중성점 접지방식은 계통의 안정도 측면이 우선시 되며 설비가 대형화됨에 따라 비접지에서 저항접지, 직접접지계통으로 변경
    2) 중성점 접지 목적
        ① 전선로 및 기기의 절연레벨 경감(1선 지락 검토)
        ② 이상전압의 경감(뇌, 아크 지락 검토)
        ③ 사고 시 보호계전기의 확실한 동작(보호계전기 정정)

2. 전력계통의 중성점 접지 방식
    가. 전력계통 접지
        1) 계통도
        2) 접지계통 특징
    나. 접지방식 비교
        【표】

3. 전력계통의 접지계수
    가. 접지계수
        1) 3상 전력계통 지락사고 시 건전상 가장 높은 상용주파 대지 전압과 지락사고 전의 상용주파 대지 전압과의 비
        2) 이상 전압은 중성점 접지 유효도에 따라 정해지며 이것을 나타내는 접지계수가 사용
        3) 접지계수(공식) :
    나. 접지계수 종류
        1) 비교 【표】
        2) 유효접지 계통 :
        3) 비유효접지 계통 :

4. 중성점 접지방식별 특징 비교
    【표】

5. 유효접지

6. 결론

- **전력계통 방재대책계획 [접지설비①] 기출문제**

  - 116회 1-5 (전기설비기술기준의 판단기준 제289조) (접지 관련 규정은 2021. 1. 한국전기설비규정으로 변경)
  - 116회 2-1 (중성점 직접접지식 전로와 비접지식 전로의 지락보호)
  - 115회 2-5 (접지전극 설계 목적, 효과)
  - 114회 1-4 (접지 설계 시 전위간섭)
  - 113회 1-11 (공통, 통합접지 접지저항)
  - 110회 2-3 (통합접지시스템)
  - 109회 2-1 (전력계통 중성점접지방식)
  - 107회 2-4 (공통접지와 통합접지)
  - 95회 4-6 (IEC 분류 접지방식)
  - 94회 4-3 (IEEE std. 80 접지설계 흐름도)

MEMO

Level B 실전 답안 작성 가이드

B42

전력계통 방재대책계획 [접지설비②]

- **접지설비에 적용 주요 자재 검토**

  - 예제) 제2종 접지선 굵기 산정기준에 대하여 설명하시오. (2021. 1. 한국전기설비규정으로 변경)
  - 예제) 전기설비의 접지선 굵기 산정에 대하여 설명하시오.
  - 예제) 접지전극의 과도현상과 그 대책에 대하여 설명하시오.
  - 예제) 망상접지극 설계 시 도체의 굵기와 길이의 결정 요소에 대하여 설명하시오.
  - 예제) 접지설계 시 기초접지극과 자연접지극을 설명하시오.
  - 예제) 접지극의 접지저항 저감 방법에 대하여 설명하시오.

- **Point**

  01 접지설비
  02 접지 자재 선정
  03 접지선 굵기 산정
  04 접지극 산정

B42 전력계통 방재대책계획 [접지설비②]

문제 계통의 접지선의 굵기 산정에 대하여 설명하시오.

답안

1. 개요
1) 접지선의 굵기 결정 요소(전류용량, 기계적강도, 내식성) 고려
2) 전기설비 기술기준 및 한국전기설비규정, 내선규정으로 규정되어 있는 접지선 굵기는 전기적/기계적으로 최소한의 굵기
3) 설계 적용은 실제 고장 시 지락전류가 안전하게 통과할 수 있도록 전류용량에 중점

2. 접지선 굵기 산정

가. 계통의 접지선 굵기 산정 [ANSI/IEEE std. 80]

1) 접지선의 굵기

$$A = I_g \times \sqrt{\frac{\frac{t_c \cdot \alpha_r \cdot \rho_r \times 10^4}{TCAP}}{ln\left(1+\frac{T_m - T_a}{K_0 + T_a}\right)}} \ [\text{mm}^2]$$

$$= I_g \times \sqrt{\frac{t_c}{\frac{TCAP}{\alpha_r \cdot \rho_r} ln\left(1+\frac{T_m - T_a}{K_0 + T_a}\right)}} \ [\text{mm}^2]$$

2) 접지용 나연동선을 옥외에 설치할 경우
 : 최고허용온도 1,083[℃], 주위온도를 55[℃], 고장계속시간 1.1초
3) 접지용 절연전선을 옥외에 설치할 경우
 : 최고허용온도 160[℃], 주위온도를 55[℃], 고장계속시간 1.1초
4) 접지용 CV cable 또는 HIV전선을 옥내에 설치할 경우
 : 최고허용온도 250[℃], 주위온도를 30[℃], 고장계속시간 1.1초

나. 내선규정에 의한 접지공사의 최소접지선 굵기
(2021. 1. 한국전기설비규정 변경, 종별 접지규정 폐지)
1) 제1종 접지공사 : 【표】
2) 제2종, 제3종 접지공사 : 【표】
 : 최고허용온도 160[℃], 주위온도를 30[℃],
 고장계속시간 0.1초, 고장전류는 정격전류의 20배

다. KS C IEC 60364 보호도체의 최소단면적
   1) 계산식을 이용하여 최소단면적 산정
   2) 보호도체의 단면적을 【표】에서 선정
   3) 보호도체의 최소 굵기
      : 보호도체가 전원케이블 또는 케이블 용기의 일부로 구성되어 있지 않은 경우
         ① 기계적 보호가 된 것은 2.5[mm²] 이상
         ② 기계적 보호가 되어 있지 않은 것은 4.0[mm²] 이상

3. 결론

Level B01~50

실전 답안 작성 가이드 목차정리

- **전력계통 방재대책계획 [접지설비②] 기출문제**

  - 116회 1-2 (내선규정 제2종 접지선 굵기) (2021. 1. 한국전기설비규정으로 변경)
  - 113회 1-9 (피뢰기의 접지선 굵기)
  - 112회 2-6 (피뢰설비, 자연적 접지극)
  - 111회 1-2 (접지저항 저감 방법)
  - 111회 1-13 (피뢰설비, 접지극)
  - 106회 1-3 (접지극 과도현상, 대책)
  - 103회 3-1 (망상 접지극 설계)
  - 102회 2-2 (기초접지극 최소부피산정)
  - 101회 3-4 (접지선 굵기 산정)
  - 96회 1-4 (접지선 굵기 산정기초)
  - 92회 1-13 (기초접지극, 자연접지극)
  - 91회 1-6 (접지공사의 종류에 따른 접지선 굵기)

전력계통 방재대책계획 [접지설비③]

- **개별, 공통 및 통합 접지방식의 적용 시 고려사항 검토**

    - 예제 전기설비기술기준에 의한 통합접지시스템을 적용할 경우 이 기준에서 정하는 설치요건과 특징 그리고 기초콘크리트 접지 시공방법에 대하여 설명하시오.
    - 예제 공통, 통합접지의 접지저항 측정방법에 대하여 설명하시오.
    - 예제 대지고유저항율 측정방법과 산출식을 유도하시오.

- **Point**

    - 01 공통 접지방식
    - 02 통합 접지방식
    - 03 설계 시 고려사항
    - 04 시공 시 고려사항
    - 05 시험 및 측정

B43 전력계통 방재대책계획 [접지설비③]

문제 통합접지 시스템 및 접지저항 검사 방법에 대하여 설명하시오.

답안

1. 개요
    1) 건축물의 접지극 System은 다양한 목적의 접지 요구
    2) 설치 시공 시 전위 저항구역의 간섭(중첩) 등의 문제점 발생
    3) 이러한 문제점의 대책으로 통합접지 방식 적용

2. 관련규정
    1) 한국전기설비규정 140 접지시스템
    2) IEC 61936-1, IEC 60364-5-534

3. 통합접지 System
    가. 현대 건축물 접지 환경
    1) 기상 변화 : 뇌격(직격뢰, 측뢰) 빈도 증가
    2) 건축물의 고층화
        : 철골조, 철근 콘크리트조, 접지배선 Cost 증가, 비의도적 구조물 접속
    3) 정보 System의 집합 설치 :
    4) 부지면적의 협소 : 전위 저항구역 중첩

    나. 통합 접지 System 구성
    1) 정의 : 국부 접지 계통의 상호 접속하는 등가 접지 방식
        (전기, 통신, 피뢰설비 접지 모두 통합)
    2) 구성 및 전위 상승 : 【구성도】
    3) 통합 접지 특성 :
    4) 통합 접지 방안 : 구조체 접지 + 통합접지 방식

4. 통합접지 System 접지저항 검사 [Mesh형]
    가. 접지저항 값
    1) 모든 도전부가 등전위를 형성하고 KS C IEC 62305-3의 5.4에 의거 10[Ω] 이하
    2) 국지적 대지전위 상승이 크지 않은 경우 KS C IEC 60364-4-44의 인체 허용 접촉전압 고려 시 1~5[Ω] 이하 권장 또는 접촉전압 제한

    나. 설계 시 계산 값
    1) 접지봉 1개 : 【공식】
    2) Mesh : 【공식】

다. 접지저항 검사 방법
    1) 보조극 일직선 배치 측정 시
        ① 구성도
        ② 측정값의 평균 :
        ③ 오차 초과 시 :
    2) 보조극 90~180[°] 배치 측정 시
        ① 구성도
        ② 측정값의 평균 :
        ③ 오차 초과 시 :

5. 결론

Level B01~50

실전 답안 작성 가이드 목차정리

- **전력계통 방재대책계획 [접지설비③] 기출문제**

  - 113회 1-11 (공통, 통합접지 접지저항 측정)
  - 110회 2-3 (통합접지 요건)
  - 108회 3-4 (대지저항률 영향 요인)
  - 107회 2-4 (공통접지, 통합접지방식)
  - 106회 4-1 (3전극법, 4전극법)
  - 102회 3-2 (공용접지 장점)
  - 100회 1-10 (저압접지계통 접지방식 선정)
  - 97회 4-6 (공통접지, 통합접지방식)
  - 96회 1-6 (4전극법)
  - 96회 4-4 (대지저항률 영향 요인)
  - 94회 3-5 (전기설비기술기준의 판단기준 제18조, 공통, 통합접지시스템) (2021. 1. 한국전기설비규정으로 변경)
  - 90회 1-7 (대지저항률 개념, 영향 요인)

전력계통 방재대책계획 [접지설비④]

- **직류계통의 접지, 접지방식 및 차단설비 적용 검토**

    - 예제) 전기사업법령에 의한 전원별(직류, 교류) 전압종별(저압, 고압, 특고압)을 구분하여 설명하시오.
    - 예제) 저압 전기설비의 직류 접지계통 방식에 대하여 설명하시오.
    - 예제) 교류배전방식과 직류배전방식의 장단점을 설명하시오.
    - 예제) 직류차단기의 종류와 소호방식에 대하여 설명하시오.
    - 예제) 직류고속도 차단기의 자기유지현상과 그 대책에 대해 설명하시오.

- **Point**

    - 01 직류, 교류 종별
    - 02 직류 전기설비
    - 03 직류 접지계통
    - 04 직류 보호설비

Level B01~50 실전 답안 작성 가이드 목차정리

B44 전력계통 방재대책계획 [접지설비④]

문제 직류 전압계통의 IEC 접지방식에 대하여 설명하시오.

답안

1. 개요
   1) 전로보호장치의 확실한 동작 확보, 이상전압 및 대지 전압의 억제를 위하여 직류 2선식 접지방식 필요
   2) 변환장치의 직류측 중간점, 태양전지의 중간점 등의 접지방식 필요

2. 관련규정
   1) 전기설비 기술기준 제289조
   2) KS C IEC 60364, 내선규정

3. 직류 접지 계통방식
   가. TN 직류 접지 계통방식
      1) 구성도
      2) TN계통 특징
         ① 전력계통을 접지(직접, 다중)하고 노출도전부를 보호도체로 접속
         ② 일정 시간내 차단할 수 있도록 차단시간 및 보호도체 선정 중요
         ③ Arc 발생 우려로 고속도 차단기 필요
      3) TN-C, TN-S, TN-C-S 구분 :

   나. TT 직류 접지 계통방식
      1) 구성도
      2) TT계통 특징
         ① 전력계통을 접지(직접, 다중)하고 노출도전부는 독립 접지극 접지
         ② 계통 접지와 기기접지는 완전 분리, MCCB 또는 ELB 지락보호
         ③ 대지 전위 상승 제한을 위한 조건 고려

   다. IT 직류 접지 계통방식
      1) 구성도
      2) IT계통 특징
         ① 전력계통을 비접지 또는 고임피던스 접지, 노출도전부 독립 접지
         ② 중성점 고저항 접지 : 누전 검출기 RCD 및 접지와 고장구간 전압차로 동작하는 전압 계전기 보호
         ③ 지락 감시 대책 필요

라. 직류 접지 계통방식 선정 시 고려사항

    1) 직류 전기설비의 접지시설

      : 양(+) 도체 접지 시 감전보호, 음(-) 도체 접지 시 부식방지

    2) 직류 2선식 비접지 :

    3) 직류 차단기, 직류 개폐장치 설치

4. 결론

Level B01~50

실전 답안 작성 가이드 목차정리

- **전력계통 방재대책계획 [접지설비④] 기출문제**

  - 117회 1-3 (국내 전원별 전압종별)
  - 116회 1-5 (판단기준 제289조, 저압 옥내 직류전기설비 접지) (2021. 1. 한국전기설비규정으로 변경)
  - 112회 4-3 (직류차단기 종류, 소호방식)
  - 109회 1-4 (건축전기설비 전압 밴드)
  - 109회 1-12 (직류지락차단장지)
  - 106회 4-3 (직류배전, 교류배전 특징 비교)
  - 101회 2-1 (직류 접지계통 방식)
  - 100회 1-1 (반도체 GTO 직류차단기 특징)
  - 100회 1-4 (리플전압과 리플백분율)
  - 98회 1-7 (직류 고속차단기 방향성)
  - 97회 3-4 (직류배전방식 장단점)
  - 96회 1-3 (직류 고속차단기 자기유지현상, 대책)

Level B 실전 답안 작성 가이드

B45

전력계통 방재대책계획 [접지설비⑤]

- **접지설비의 설계 시 검토 대상 및 고려 Factor**

  - 예제 변전소 접지설계 시 검증 및 고려사항에 대하여 설명하시오.
  - 예제 KS C IEC 60364의 직접접촉에 대한 보호를 설명하시오.
  - 예제 허용접촉전압의 정의와 계산방법을 설명하시오.
  - 예제 KS C에서 규정하는 TN 계통의 간접접촉보호를 위한 전압종류별 최대 차단시간에 대하여 설명하시오.

- **Point**

  - 01 접지 검토요소
  - 02 접촉전압 검토
  - 03 보폭전압 검토
  - 04 IEEE std. 80

B45 전력계통 방재대책계획 [접지설비⑤]

문제 접촉전압, 보폭전압에 대하여 설명하시오.

답안

1. 개요
    1) 지락사고 발생 시 인체의 안전을 검토
    2) 접지설비 설계 시 반드시 검토

2. 보폭전압 (Step Voltage)
    가. 보폭전압 개념
        1) 정의 : 접지 전극 부근의 지표면에 발생하는 전위차(양발 사이)
        2) 보폭전압 개념도 및 등가회로
    나. 보폭전압 계산
        1) 양발로 전급할 수 있는 2점간(1[m]) 전위차의 최대값
        2) 관련식 :
    다. 보폭전압 저감 방법
        1) 접지선을 깊게 매설
        2) Mesh 접지방식 채용, Mesh 간격을 좁게 설계
        3) 위험도가 높은 장소에서는 자갈 또는 콘크리트로 타설
        4) 경계 부근은 Main Mesh의 끝을 2~3[m] 정도 깊게 매설
        5) 철구 가대 등의 보조 접지

3. 접촉전압 (Touch Voltage)
    가. 접촉전압 개념
        1) 정의 : 사람이 지상에 서서 기기의 외함이나 철구에 접촉할 경우 인체에 인가되는 전압
        2) 접촉전압 개념도 및 등가회로
    나. 접촉전압 계산
        1) 관련식 :
    다. 접촉전압 저감 방법
        1) 기기, 철구 등의 주위 약 1[m]의 위치에 깊이 0.2~0.3[m]의 보조 접지선 매설
        2) 보조 접지선과 주 접지선과 접속

- **전력계통 방재대책계획 [접지설비⑤] 기출문제**

  - 102회 1-3 (허용접촉전압)
  - 100회 1-3 (KS C IEC 60364 접촉전압)
  - 98회 2-6 (KS C에서 규정하는 TN 계통 간접접촉보호)
  - 86회 1-9 (변전소 접지설계 시 검증 방법)
  - 81회 1-1 (접촉전압과 보폭전압)
  - 81회 4-1 (KS C IEC 60364 직접접촉에 대한 보호)

MEMO

Level B 실전 답안 작성 가이드

B46

전력계통 방재대책계획 [감전방지①]

- **등전위 본딩 개념과 감전방지 대책에 대한 검토**

  (예제) KS C IEC 60364-4-41 비접지 국부 등전위 본딩에 대하여 설명하시오.

  (예제) IEC 분류 접지방식(TN, TT, IT)의 등전위 본딩에 대하여 설명하시오.

  (예제) 등전위 본딩의 개념과 감전보호용 등전위 본딩에 대하여 설명하시오.

- **Point**

  01 IEC 접지계통
  02 접지계통과 감전
  03 등전위 본딩
  04 감전방지대책

Level B01~50

B46 전력계통 방재대책계획 [감전방지①]

문제 감전방지를 위한 등전위 본딩에 대하여 설명하시오.

답안

1. 개요
   1) 등전위 본딩은 건축물의 특정한 도전부의 상호간 또는 특정한 부분과 대지를 양호한 도전성이 되도록 결합한 것
   2) 위험전압의 저감 및 등전위화를 도모하여 내부 시설기기의 기능을 보장함으로써 인체의 안전을 확보 목적

2. 감전보호 대책

   가. 기본 대책
   1) 계통도
   2) 전원 계통에서 지락고장이 발생할 때 등전위 구역의 주 접지단자에 수 [V] 이상의 전압 유기
   3) 주접지 단자에 접속되어있는 모든 계통 도전부의 노출 도전부도 동일한 전위 유지
   4) 등전위 구역 내에 있는 사람에게는 감전 위험이 없다.

   나. 기본 구성
   【계통도】
   1) 접지도체(선) :
   2) 보호도체(PE) :
   3) 주등전위 본딩도체 :
   4) 보조등전위 본딩도체 :

   다. 보호도체 :

   라. 등전위 본딩 도체
   1) 주 등전위 본딩 :
   2) 보조 등전위 본딩 :

   마. 비접지 국부 등전위 본딩 :

   바. 기타 고려사항

3. 결론

- **전력계통 방재대책계획 [감전방지①] 기출문제**

  - 112회 4-5 (KS C IEC 60364-4-41 감전보호 체계)
  - 110회 1-2 (비접지 국부 등전위 본딩)
  - 105회 2-1 (등전위 본딩의 개념, 감전보호)
  - 96회 3-3 (지락사고, 감전보호)
  - 94회 2-3 (KS C IEC 규격의 등전위 본딩)
  - 84회 3-6 (저압전로의 지락보호, 감전방지대책)

MEMO

Level B 실전 답안 작성 가이드

B47

전력계통 방재대책계획 [감전방지②]

- **감전사고 개념 및 대책에 대한 검토**

    (예제) KS C IEC 60364-4-41의 감전 보호 체계에 대하여 설명하시오.

    (예제) 전원자동차단에 의한 감전보호방식에 대하여 설명하시오.

    (예제) IEC 분류 접지방식(TN, TT, IT)의 감전방지 대책을 설명하시오.

    (예제) 가로등 감전사고의 안전대책을 설명하시오.

- **Point**

    01 계통 사고

    02 지락사고에 대한 감전사고

B47 전력계통 방재대책계획 [감전방지②]

문제 지락사고 시 감전사고의 원인과 대책에 대하여 설명하시오.

답안

1. 개요

1) 지락(Earth Fault)이란
   : 전로와 대지간의 절연 저하 되어 아크, 도전성 물질로 연결
   전로와 기기 외부에 위험한 접촉전압, 지락전류 발생
2) 이러한 상태에서 접촉전압에 의한 지락전류가 인체에 흐르는 상태를 전격,
   즉 감전사고라 한다.

2. 지락사고 시 감전사고의 원인과 대책

가. 감전사고 원인 및 영향
   1) 전력계통(예 ; 국내 일반적 IEC TT계통)
      【계통도】 및 【인체접촉전압】
   2) 인체반응
      ① 전류에 대한 인체반응 KS C IEC 60479-1 그래프
      ② 전류 분류 AC-1, AC-2, AC-3, AC-4

나. 감전사고 대책
   1) 인체 접촉상태별 허용 접촉전압 제한
      【표】
   2) 감전사고 대책(KS C IEC 60364-4-41)
      ① 감전 보호 : 간접접촉, 직접접촉, 저전압, 추가적 보호
      ② 보호방식의 적용 : 일반/특수 설치 지역, 직간접 접촉 동시 수행

다. 감전사고 대책
   1) 간접 접촉에 대한 보호
      ① 과전류 차단기 :
      ② 누전차단기(추가적인 보호) :
      ③ 누전 경보 방식 :
   2) 직접 접촉에 대한 보호
      ① 이중절연 또는 강화절연
      ② 전기적 분리 : 일반인인 접근, 숙련자 상주
   3) 저전압에 의한 보호(계통도)
      ① SELV
      ② PELV

4) 보조 등전위 본딩
　　　　① 주등전위 본딩을 보조할 목적으로 사용
　　　　② 구성도 :
　　5) 비접지 국부 등전위 본딩(숙련자 상주)
　　　　① 전원 자동차단에 의한 보호를 할 수 없는 경우
　　　　② 구성도
　　　　③ 절연바닥 : 공칭전압 기준

3. 결론

Level B01~50

실전 답안 작성 가이드 목차정리

- **전력계통 방재대책계획 [감전방지②] 기출문제**

  - 114회 3-4 (KS C IEC 60364 감전보호 대책)
  - 114회 4-5 (감전보호방식)
  - 112회 4-5 (KS C IEC 60364-4-41 감전보호 체계)
  - 109회 4-3 (가로등 감전사고 안전대책)
  - 96회 3-3 (지락사고, 감전보호)
  - 95회 4-6 (IEC 분류 접지방식, 감전방지 대책)
  - 94회 2-6 (인체 감전현상, 방지대책)
  - 84회 3-6 (저압전로 지락보호, 감전방지대책)
  - 83회 2-3 (감전의 메커니즘, 방지대책)

Level B 실전 답안 작성 가이드

B48

신재생 에너지 & 에너지 절약계획 [태양광①]

- **태양광 발전시스템 구성, 설치기준 및 설치방식 검토**

    예제 태양광 발전설비 시설기준에 대하여 설명하시오.
    예제 태양광 발전설비 설계순서를 들고 설명하시오.
    예제 태양전지 모듈 선정 시 고려해야 할 사항에 대하여 설명하시오.
    예제 태양광 발전 시스템의 어레이 설치방식에 대하여 설명하시오.

- **Point**

    01 신재생 에너지
    02 태양광 발전 설치기준 및 검사
    03 태양광 전지(모듈)
    04 인버터 선정

Level B01~50 실전 답안 작성 가이드 목차정리

B48 신재생 에너지 & 에너지 절약계획 [태양광①]

문제 태양광 발전시스템 구성, Array 설치방식을 설명하시오.

답안

1. 개요
   1) 태양광 발전시스템이란
      : 태양전지를 이용하여 전력을 생산, 이용, 계측, 감시, 보호 및 유지관리 등을 수행하기 위해 구성된 시스템

2. 태양광 발전시스템 구성
   【구성도】
   가. PV Array(태양전지 어레이)
      1) 일사량에 의존 직류 전력을 발전
      2) 태양전지 모듈을 직/병렬로 연결
   나. PCS(Power Conditioning System)/INVERTER
      1) 전력품질 및 보호기능(PCS)
      2) 발전전력 DC → AC Inverting
   다. Battery Storage(축전지)
      1) 발전한 전기를 저장
      2) 다른 전원에 의한 백업(Back-up)

3. PV Array 설치 방식(종류 및 특징)
   가. 설치 방식별 종류
      1) 추적식 Array(Tracking)
         : 추적방향(단방향, 양방향), 추적방식(감지식, 프로그램, 혼합식)
      2) 반고정형 Array(Semi-Fixed) : 계절별 경사각 조절
      3) 고정형 Array(Fixed) : 연중 최적 경사각 고정
   나. 설치 방식별 특징 【표】
      1) 회전각도 :
      2) 발전효율 :
      3) 설치가격 :
      4) 안정성 :
      5) 추가고정 :
      6) 하부공간 이용 유무 :
   다. 추적방식의 분류

라. BIPV 등급 분류
　　1) 통합등급 1 : On-Roof 조립 System
　　2) 통합등급 2 : In-Roof 조립 System
　　3) 통합등급 3 : 지붕구성을 대체하는 PV System
마. 설치 위치 구분 : 지붕형, 벽면형, 차양형 등

4. 결론

Level B01~50 실전 답안 작성 가이드 목차정리

- **신재생 에너지 & 에너지 절약계획 [태양광①] 기출문제**

  - 116회 3-3 (태양광발전사업 REC, FIT)
  - 114회 2-4 (태양광 인버터 Stage, 인버터 종류, 특징)
  - 110회 1-6 (태양전지 모듈 설치 시 영향 요인 3가지)
  - 109회 4-1 (수상 태양광발전설비)
  - 108회 1-7 (태양광 설치기준)
  - 108회 1-13 (태양광 설치용량)
  - 106회 1-9 (태양전지 모듈 다이오드, 블로킹다이오드)
  - 106회 4-5 (태양광 발전 인버터)
  - 105회 1-11 (태양광 인버터 단독운전)
  - 105회 4-1 (태양광발전용 PCS 회로방식)
  - 102회 3-3 (태양광발전설비 설계절차)
  - 101회 1-10 (태양전지 모듈 선정)
  - 101회 4-6 (태양광발전설비 구성과 태양전지 설치방식)
  - 99회 1-13 (태양광 발전 축전지 용량)
  - 99회 2-4 (계통연계 태양광발전 설치기준)
  - 98회 1-13 (태양전지 어레이 설치 후 검사방법)
  - 98회 4-3 (태양광발전 설계순서)
  - 96회 3-5 (태양광 발전 어레이 설치 방식별 특징)
  - 95회 1-2 (태양광 모듈 특성 중 FF)
  - 95회 2-5 (태양광 전지 간이 등가회로, 전압-전류 곡선)
  - 93회 1-3 (태양광발전 MPP)
  - 91회 1-10 (태양광 발전설비 에너지 절감비용)
  - 91회 4-3 (태양광발전 SPD)
  - 90회 2-6 (태양광과 LED 광원을 이용 가로등 설계)

신재생 에너지 & 에너지 절약계획 [태양광②]

- **태양전지 모듈, 인버터 종류 및 특징 설계 시 검토**

  - 예제) 태양전지 모듈 설치 시 발전에 영향을 미치는 요인 3가지에 대하여 설명하시오.
  - 예제) 태양전지의 전압-전류 특성곡선에 대하여 설명하시오.
  - 예제) 태양광발전용 PCS의 회로방식에 대하여 설명하시오.
  - 예제) 태양광발전에서 최대 전력점을 설명하시오.
  - 예제) 태양광 발전시스템에서 어레이 설치완료 후 검사방법을 설명하시오.
  - 예제) 태양광 인버터에서 Stage 및 인버터의 종류와 특징에 대하여 설명하시오.

- **Point**

  - 01 신재생 에너지
  - 02 태양광 발전 설치기준 및 검사
  - 03 태양광 전지(모듈)
  - 04 인버터 선정

B49 신재생 에너지 & 에너지 절약계획 [태양광②]

문제 PV Array의 음영 문제의 영향 및 대책에 대하여 설명하시오.

답안

1. 개요
   1) 태양전지 모듈을 직병렬로 연결하여 용도에 맞게 구성한 발전장치를 PV Array라 한다.
   2) PV Array에는 원칙적으로 음영은 없어야 한다. 발생시에는 출력저하 또는 열점현상에 의한 모듈파손 발생

2. PV Array의 구성
   가. 모듈 직렬접속 방법
      【구성, V-I특성 및 출력】
      【표】
   나. 모듈 병렬접속 방법
      【구성, V-I특성 및 출력】
      【표】

3. PV Array의 음영
   가. 음영의 종류
      1) 일시적 음영 : 눈, 낙엽, 새의 배설물, 황사 등
      2) 반복적 음영 : 굴뚝, 안테나, 피뢰침, 돌출 구조물 등
      3) 반복적 음영은 PV의 음영으로 보지 않음
   나. 음영의 영향
      1) 모듈 음영 시 출력 감소
         ① 직렬접속 모듈 Array : 【설치 예, 출력 계산】
         ② 병렬접속 모듈 Array : 【설치 예, 출력 계산】
      2) 열점 효과에 의한 셀의 과열소손 발생
         ① 태양전지에 음영 또는 오염 시 셀은 전기적 부하 특성
         ② 음영셀은 다른셀로 부터 역전류 방향으로 전류 소모(열점 현상)
         ③ 지속 시 과열, 소손, 셀 파괴

4. PV Array의 음영 대책

　가. 음영의 근원 제거 : 자정능력 향상, 장애물 제거

　나. PV Array 설계 시 영향 최소화 설계

　　　1) 우회 다이오드 설치 : 특징, 설치 예

　　　2) 모듈의 최적 배치 : 특징, 배치 예

　　　3) String 인버터 적용

　　　4) Array 정렬 시 상호 이격 공간, 설치 높이를 충분히 확보

5. 결론

Level B01~50 실전 답안 작성 가이드 목차정리

• 신재생 에너지 & 에너지 절약계획 [태양광②] 기출문제

- 116회 3-3 (태양광발전사업 REC, FIT)
- 114회 2-4 (태양광 인버터 Stage, 인버터 종류, 특징)
- 110회 1-6 (태양전지 모듈 설치 시 영향 요인 3가지)
- 109회 4-1 (수상 태양광발전설비)
- 108회 1-7 (태양광 설치기준)
- 108회 1-13 (태양광 설치용량)
- 106회 1-9 (태양전지 모듈 다이오드, 블로킹다이오드)
- 106회 4-5 (태양광 발전 인버터)
- 105회 1-11 (태양광 인버터 단독운전)
- 105회 4-1 (태양광발전용 PCS 회로방식)
- 102회 3-3 (태양광발전설비 설계절차)
- 101회 1-10 (태양전지 모듈 선정)
- 101회 4-6 (태양광발전설비 구성과 태양전지 설치방식)
- 99회 1-13 (태양광 발전 축전지 용량)
- 99회 2-4 (계통연계 태양광발전 설치기준)
- 98회 1-13 (태양전지 어레이 설치 후 검사방법)
- 98회 4-3 (태양광발전 설계순서)
- 96회 3-5 (태양광 발전 어레이 설치 방식별 특징)
- 95회 1-2 (태양광 모듈 특성 중 FF)
- 95회 2-5 (태양광 전지 간이 등가회로, 전압-전류 곡선)
- 93회 1-3 (태양광발전 MPP)
- 91회 1-10 (태양광 발전설비 에너지 절감비용)
- 91회 4-3 (태양광발전 SPD)
- 90회 2-6 (태양광과 LED 광원을 이용 가로등 설계)

Level B 실전 답안 작성 가이드

B50

전력사용 시설물 예방보전계획

- **전력설비 과열, 소음, 진동 및 노후에 대한 신뢰성 검토**

  - 예제 전기설비 트래킹 현상에 의한 절연열화에 대하여 설명하시오.
  - 예제 몰드 변압기의 열화과정 및 특성에 대하여 설명하시오.
  - 예제 전력용 케이블의 열화 원인과 대책에 대하여 설명하시오.
  - 예제 전력설비에 사용되는 케이블의 열화진단기술에 대하여 설명하시오.
  - 예제 전력용 콘덴서의 절연열화 원인과 대책에 대하여 설명하시오.

- **Point**

  - 01 예방보전 시스템
  - 02 변압기 열화대책
  - 03 케이블 열화대책
  - 04 콘덴서 열화대책
  - 05 열화진단기술

B50 전력사용 시설물 예방보전계획

문제 변전설비 예방보전에 대하여 설명하시오.

답안

1. 개요
   1) 전력설비의 대형화, 밀집화, 다기능화로 신뢰성이 크게 요구
   2) 설계단계부터 유지보수 측면을 고려, 통전상태에서 고장요인을 사전발견 조치하는 예방보전 System이 필요

2. 예방보전 System
   가. 진단 기술
      1) 진단 기술은 최근 TBM → CBM → RCM 으로 변천
      2) TBM, CBM의 문제점
         ① 설비의 복잡한 요인으로 고장 발생, 노후 시 동시 다발적 고장 발생
         ② 단순 시간경과, 상태경과 방법으로 예방보전 미흡
      3) RCM(Reliability Centered Maintenance)
         ① 각 부품, 단위별로 고장을 분석/해석 및 운전이력 데이터 수집
         ② 수집 정보를 근거로 진단, 점검, 교체 시기를 사전에 판단, 교체

   나. 구성도
      [진단 설비] → [성능 진단] → [진단 항목] → [판정]

   다. 진단 항목, 장비 및 판정기준(On-Line 방식 양호기준)
      1) 통전성능(국부가열) :
      2) 절연성능 : 절연유 분석, SF_6 분석, 누기, 부분방전, 초음파

   라. 예방보전 계통도 및 흐름도
      【계통도】

   마. 예방보전 동향
      1) 설비 건전도 평가를 위한 Sensor 기술 및 알고리즘 개발 필요
      2) 수명연장, 유지보수 기법, 예측기법 개발 필요
      3) 예방보전을 수행할 수 있는 진단 전문 인력 양성 필요

3. 결론

- **전력사용 시설물 예방보전계획 기출문제**

  - 116회 3-5 (지진 예방대책, 내진대책)
  - 112회 2-3 (전력용 콘덴서 절연열화)
  - 111회 4-5 (CV케이블 열화)
  - 105회 1-3 (전력용 콘덴서 절연열화)
  - 101회 1-4 (몰드변압기 열화과정, 특성)
  - 98회 1-4 (전기설비 트래킹현상, 절연열화)
  - 95회 4-2 (수변전설비 예방보전 시스템)
  - 94회 2-5 (변압기 고장여부 진단)
  - 92회 1-9 (가스절연 개폐장치 예방진단기술방법)
  - 91회 3-5 (전력용 케이블 열화진단방법)
  - 90회 1-13 (전력용 케이블 열화특성)

편저자	황민욱
	한양대학교 대학원 박사과정 전기공학과
	現 배울학 전기 교수
	現 배울학 건축전기설비기술사 교수
	現 일오삼엔지니어링 팀장
	現 동양미래대학교 겸임교수
	現 숭실대학교 외래교수
	現 한국신재생에너지협회 강사
	現 대한전기학원 대표강사
	現 한국전기공사협회 강사
	現 유한대학교 외래교수
	前 한국폴리텍대학교 외래교수
	前 모아전기학원 대표강사
	前 한국산업인력공단 & 한국취업지원센터 해외플랜트 현장 관리자 교육

건축전기설비기술사 / 직업능력개발훈련교사(전기 2급) /
전기기사 / 전기공사기사 / 소방설비기사(전기분야)

- 배울학 ③ 전기기기
- 배울학 ⑦ 전기설비기술기준
- 배울학 전기기사 1033 필기 10개년 기출문제집
- 배울학 전기공사기사 1033 필기 10개년 기출문제집
- 배울학 전기산업기사 1033 필기 10개년 기출문제집
- 배울학 전기공사산업기사 1033 필기 10개년 기출문제집
- 배울학 건축전기설비기술사 Level Zero
- 배울학 건축전기설비기술사 Level A
- 배울학 건축전기설비기술사 Level C
- 마스터건축전기설비기술사(엔트미디어)

배울학 건축전기설비기술사 Level B

발행일	2021. 03. 01 1쇄 발행
발행처	배울학
주소	서울특별시 동대문구 왕산로26길 35, 301호
이메일	help@baeulhak.com

ISBN	979-11-89762-21-6
정가	22,000원

- 교재에 관한 문의나 의견, 시험 관련 정보는 배울학 홈페이지 proelec.baeulhak.com을 이용해주시기 바랍니다.
- 이 책의 모든 부분은 배울학 발행인의 승인문서 없이 복사, 재생 등 무단복제를 금합니다.
- ※ 이 도서의 파본은 교환해드립니다.